Mein Grundwissen
3./4. Klasse

Deutsch

Mathe

Englisch

Cornelsen
Power Learning

Der Herausgeber: Klaus Metzger
Die Autoren:
Deutsch: Klaus Metzger (Grundschullehrer und Seminarbeauftragter in Bayern)
Mathe: Enno Hörsgen (Grundschullehrer und Konrektor in Bayern)
Englisch: Victoria Dartnall (Lehrerin mit Frühenglisch in Devon, England)

Bildnachweis:
S. 142 a, b Corel Library; **S. 142 c** Blickwinkel, Witten/Hecker/Sauer; **S. 142 d** Project Photos; **S. 143** Volkhard Binder, Berlin; **S. 146** Cornelsen Verlagsarchiv

Cornelsen online http://www.cornelsen.de

Bibliografische Information: Die Deutsche Bibliothek verzeichnet diese Publikation in der Deutschen Nationalbiografie; detaillierte bibliografische Daten sind im Internet über http://dnb.ddb.de abrufbar.

Dieser Band folgt den Regeln der deutschen Rechtschreibung, die von August 2006 an gelten.

6.	5.	4.	3.	2.	Die letzten Ziffern bezeichnen
10	09	08	07	06	Zahl und Jahr der Auflage.

Redaktion: Christiane Grosskopf, Markus Holm, Anja Sokoll (Projektleitung), alle Berlin
Herstellung: Uwe Pahnke, Berlin
Umschlaggestaltung: Magdalene Krumbeck, Wuppertal, unter Verwendung einer Illustration von Klaus Müller, Berlin
Typografische Konzeption des Inhalts: Magdalene Krumbeck, Wuppertal, Torsten Lemme, Berlin
Layout: Dagmar & Torsten Lemme, Berlin
Illustrationen: Klaus Müller, Berlin
Sachzeichnungen: Stefan Giertzsch, Berlin
Druck und Bindung: Westermann Druck Zwickau GmbH
Printed in Germany
ISBN-13: 978-3-589-22334-3
ISBN-10: 3-589-22334-0

Gedruckt auf säurefreiem Papier,
umweltschonend hergestellt aus chlorfrei gebleichten Faserstoffen.

Vorwort

Liebe Schülerin, lieber Schüler!
Dieser Band bietet dir das Grundwissen für **Deutsch, Mathe, Englisch** – und zwar für zwei Schuljahre. Er hilft dir für Vergleichsarbeiten und Tests ebenso wie bei Hausaufgaben und der Vorbereitung auf Klassenarbeiten. Deutsch und Mathe kommen in deinem Stundenplan öfter vor als Englisch. Deshalb haben sie hier auch mehr Umfang.

Wie kannst du mit diesem Buch arbeiten?

1. Zu Beginn jedes Faches gibt es ein ausführliches **Inhaltsverzeichnis**. Dort kannst du dir ein passendes Thema aussuchen. Arbeite dann das Kapitel durch.
2. Die **Übungen** helfen dir, den Stoff zu wiederholen und zu festigen.
3. Mit den **Tests** kannst du dich selbst kontrollieren: Was habe ich verstanden? Was muss ich wiederholen?
4. Das **Stichwortverzeichnis** am Ende des Buches dient dir als Wegweiser zu den Themen aller drei Fächer.

Und noch ein paar Tipps zum Lernen mit diesem Buch:

- Nimm dir nicht zu viel auf einmal vor. Bearbeite lieber **kleinere Abschnitte**, aber dafür **regelmäßig**.
- Bist du beim Lösen der Übungsaufgaben nicht ganz sicher, sieh dir die **Beispiele** noch einmal genau an.
- Vergleiche deine Ergebnisse mit dem **Lösungsteil** am Ende jedes Faches. Überprüfe bei Fehlern genau, was du falsch gemacht hast.

Viel Erfolg!
Die Grundwissen-Redaktion
von Cornelsen Scriptor

Deutsch

3./4. Klasse

Inhaltsverzeichnis

Richtig schreiben

1 **Rechtschreibhilfen: Mitsprechen, Ableiten, Merken** 9
2 **Groß- und Kleinschreibung** 11
3 **Leicht verwechselbare Konsonanten (b/p, d/t, g/k)** 13
4 **Längezeichen** 15
5 **Doppelter Konsonant** 16
6 **Wörter mit äu/eu und ä/e** 17
7 **Übungsformen nutzen** 18
Abschreiben 18
Nachschlagen 20
8 **Zeichensetzung** 21
Kommasetzung 21
Wörtliche Rede und Redezeichen 23
Test 25

Grammatik

1 **Wichtige Grundbegriffe** (Alphabet, Buchstabe, Laut Vokal, Konsonant, Silbe, Wortstamm) 28
2 **Wortarten** 30
Nomen 30
Verb 31
Adjektiv 31
Pronomen 32
3 **Wortbildung** 35
Zusammengesetzte Wörter 35
Wortbausteine 36

4 **Sätze** 37
Satzarten (Aussagesatz, Fragesatz, Auffordungssatz, Ausrufesatz) 37
Satzglieder (Subjekt, Prädikat, Objekt) 39
Test 42

Erzählen und Informieren

1 **Erzählen** 46
2 **Informieren** 47
Einen Vortrag vorbereiten 47
Tipps für das Vortragen 48
Test 49

Texte schreiben

1 **Schreiben vorbereiten** 50
2 **Schreiben wie am Fließband** 51
3 **Texte überarbeiten** 53
Wichtige Wortfelder 54
Test 58

Lesen

1 **Verschiedene Texte** 59
2 **Texte erschließen und verstehen** 62
Test 66

Übersicht Fachbegriffe

Buchstaben 67
Wortarten 67
Satzglieder 69

Lösungen 70

Stichwortverzeichnis 220

Richtig schreiben

Wohl niemand schreibt immer richtig. Fehler haben ganz unterschiedliche Gründe. Auch wenn der Fehler nur aus Flüchtigkeit passiert, es ist trotzdem ein Fehler.

Warum ist es überhaupt wichtig, richtig zu schreiben? Sehr häufig schreiben wir für andere, z. B. einen Brief oder eine SMS. Damit verstanden wird, was du meinst, ist es wichtig, richtig zu schreiben.

Beispiel:

Liber Jan, komst du heute mit ins Schwimmbahd?

Richtig wäre: Lieber Jan, kommst du heute mit ins Schwimmbad? Der richtig geschriebene Satz ist viel leichter zu verstehen als der Satz mit den Fehlern.

Beispiel:

Wir mahlen gerade Kaffee. Wir malen gerade Kaffee.

Die Aussage der beide Sätze ist verschieden, Rechtschreibung ist also wichtig.

Auch bei der Kommasetzung können leicht Missverständnisse entstehen, wenn das Komma falsch steht.

Beispiel:

Ich leihe Julia das Buch, nicht aber Tim.
Ich leihe Julia das Buch nicht, aber Tim.

1 Rechtschreibhilfen: Mitsprechen, Ableiten, Merken

Es gibt drei Wege, die dir helfen, Wörter richtig zu schreiben. Du kannst Wörter mitsprechen, ableiten oder dir merken.

Mitsprechen

Viele Wörter schreibt man so, wie man sie spricht. Jedem Laut entspricht ein Buchstabe. Diese Wörter heißen „Mitsprechwörter".

Beispiel:

rot – Tante – bewegen – Ente – Nase – gut – rufen – rennen – Hose – sagen

Du kannst viele Fehler vermeiden, wenn du die Wörter deutlich und in Silben gegliedert sprichst.

Übung

Welche Wörter gehören zu den Mitsprechwörtern? Schreibe sie auf.

Nase – dass – turnen – nämlich – niemals – Winter – klar – Hose

Ableiten

Bei vielen Wörtern ist trotz deutlichen Sprechens nicht immer klar, wie man sie schreibt. Die Schreibweise solcher Wörter kannst du dir erklären, indem du die Schreibweise von anderen Wörtern ableitest.

Beispiel:

er fällt oder er fellt? → Infinitiv fallen, also er fällt

ich fahre oder ich fare? → Infinitiv fahren, also ich fahre

Wald oder Walt? Plural Wälder, also Wald

hart oder hard? Steigerungsform härter, also hart

Merken

Es gibt Wörter, deren Schreibweise man sich merken muss, weil sich die rechtschriftliche Besonderheit nicht durch Mitsprechen oder Ableiten herausfinden lässt.

Beispiel:

die Haare: Die Schreibweise mit doppeltem Vokal muss man sich merken

Übungen

1 Übertrage die Tabelle auf ein Blatt Papier.

Mitsprech-wörter	Ableit-wörter	Merk-wörter

2 Ordne die Wörter einer der drei Gruppen zu.

Wälder – Pilz – erklären – Ast – Diskette – viel – verabreden – brannte – dreckig – fliegen – Hose – schreibt – blüht – groß – März – Minute – Haare

3 Kannst du erklären, warum du ein Wort so zuordnest?

2 Groß- und Kleinschreibung

Fehler in der Groß- und Kleinschreibung gehören zu den häufigsten Fehlern. Dabei können die meisten solcher Fehler recht einfach vermieden werden, wenn man sich bestimmte Dinge klar macht:

MERKE

- Das erste Wort eines Satzes wird großgeschrieben.
- Innerhalb eines Satzes werden nur die Nomen großgeschrieben.

Woran kannst du ein Nomen erkennen?

- Du kannst die Artikel **der, die, das** vor das Nomen setzen: **das** Haus
- Nomen können im Singular und im Plural vorkommen: das **Haus**, die **Häuser**

Vor einem Nomen steht oft ein Begleiter. Das kann ein Artikel, ein Adjektiv oder ein Pronomen sein.

Beispiel:

der Hund
das **kleine** Kind
meine Mutter

Nicht alle Wörter, vor denen ein Artikel steht, sind Nomen.

Beispiel:

der bunte Hund
Der Artikel *der* gehört zu *Hund.*

Achtung! Manchmal sind Artikel auch versteckt:

Beispiel:

im Klassenraum – **in dem** Klassenraum
beim Essen – **bei dem** Essen

Übung

■ **Schreibe den Text ab und korrigiere die Wörter, die großgeschrieben werden.**

wenn ich so an mein leben zurückdenke, fallen mir einige dinge ein, die sehr spannend waren und bei denen ich beinahe mein leben verloren hätte.
so geriet ich einmal beim schwimmen mitten in einen riesigen haifischschwarm. die tiere umkreisten mich munter, machten aber keine anstalten, mich zu fressen. ihre spitzen zähne blitzten im blau des

meeres. furchtlos schwamm ich auf einen hai zu und klammerte mich an ihm fest. das tier zog mich tatsächlich bis zur nächsten insel, von wo aus ich mit dem schiff zurückgelangte.

3 Leicht verwechselbare Konsonanten (b/p, d/t, g/k)

Im Deutschen gibt es Laute, die sehr ähnlich klingen und die man deshalb leicht verwechseln kann. Die Laute **b**, **d** und **g** sind weiche Laute, die aber am Ende eines Wortes hart klingen. Das wird auch Auslautverhärtung genannt, weil der Auslaut hart gesprochen wird.
Deshalb kann man sie leicht mit **p**, **t** und **k** verwechseln.

Beispiel:

Kor**p** oder Kor**b**?
Wal**t** oder Wal**d**?
Ber**k** oder Ber**g**?

MERKE
Verlängere die Wörter, dann verwechselst du die Konsonanten nicht.

Verlängern bei Nomen: Setze das Wort in den Plural.
Korb – Körbe
Kind – Kinder
Berg – Berge

Verlängern bei Verben: Bilde den Infinitiv.
trägt – tragen
übst – üben
sagt – sagen

Verlängern bei Adjektiven: Steigere es.
richtig – richtiger
wichtig – wichtiger
vorsichtig – vorsichtiger

Übung

Ergänze die Lücken. Verlängere die Wörter, wie oben beschrieben.

d oder t? das Lan__, die Hau__, der Wal__
b oder p? er lo__t, sie hu__t, er schreib__
g oder k? mächti__, riesi__, flin__

4 Längezeichen

Im Deutschen werden die langen Vokale unterschiedlich gekennzeichnet. Meistens schreibt man sie ohne Längezeichen: Tiger, sagen, Mode

Manchmal schreibt man Vokale aber mit einem Längezeichen, dem Dehnungs-h oder der Verdoppelung des Vokals:

- Dehnungs-h: der Kahn, die Sahne, die Kuh, das Reh
- Verdoppelung des Vokals: das Boot, das Meer, leer

Bei Wörtern, in denen man das i lang spricht, wird dies in der Regel mit ie gekennzeichnet:
fliegen, siegen, Miete

Manchmal wird ein langes i auch durch ih markiert:
ihr, ihn, ihm, ihnen

Sehr selten auch durch ieh: fliehen, das Vieh

Übung

Sammle mit Hilfe deines Wörterbuches Wörter mit den Längezeichen Dehnungs-h, verdoppeltem Vokal und ie.

5 Doppelter Konsonant

Einem kurzen Vokal folgen in der Regel zwei Konsonanten. Ist nur einer zu hören, muss dieser verdoppelt werden.
Eine Hilfe ist das Sprechen nach Silben. Dadurch wird der verdoppelte Konsonant oft hörbar.
Besteht das Wort aus einer Silbe, hilft es, das Wort zu verlängern.

Beispiel:

das Bett – die Bet-ten

Zum doppelten Konsonanten gehören auch die Schreibungen mit **ck** und **tz**. Auch sie stehen nach einem kurz gesprochenen Vokal. Sie ersetzen die Verdoppelung von k und z.

Beispiel:

Flecken, Bäcker, lecker
Katze, trotzig, Tatze

Übungen

1 Schreibe zu den zweisilbigen Verben eine einsilbige Form: rennen – er rennt
Denke daran, dass der doppelte Konsonant erhalten bleiben muss.

trennen – kämmen – treffen – brennen – nennen – kennen – stemmen – messen – sammeln – lassen – essen

2 Bei diesen einsilbigen Wörtern hört man den doppelten Konsonanten nicht. Bestimme die Wortart und verlängere die Wörter so, dass der doppelte Konsonant zu hören ist.

der Schwamm – schnell – der Stoff – fett –
der Stock – der Pass – glatt – der Kamm –
der Kuss – der Stamm – toll – der Schatz

6 Wörter mit äu/eu und ä/e

Manchmal werden **äu** mit **eu** und **ä** mit **e** verwechselt.

Beispiel:

die Mäuse oder die Meuse?
er hält oder er helt?
häuslich oder heuslich?

Es gibt zwei Möglichkeiten, wie du die richtige Schreibweise herausfinden kannst:

- Verändere das Wort (Plural, Beugeform, Steigerung, Verkleinerungsform).
- Suche in der Wortfamilie nach einem verwandten Wort (andere Wortart).

Übungen

1 Erkläre die Schreibung von ä und äu in den folgenden Wörtern, indem du das Wort veränderst oder ein verwandtes Wort findest:

die Schätze – der Schatz	
er hält – ...	kälter
lächeln	die Räder
härter	das Mäuslein
sie läuft	sie kämmten
die Bäume	käuflich

2 Suche in dem Wörterbuch, in der Zeitung oder in einem Buch noch weitere solche Fälle und erkläre sie.

7 Übungsformen nutzen

Abschreiben

Durch richtiges Abschreiben kannst du deine Rechtschreibleistung verbessern.

Beim Abschreiben gehst du so vor:

1 Lies den Satz oder den Teil eines längeren Satzes bewusst.

2 Schließe deine Augen, lies und höre den Satz im Kopf (das geht: Du kannst ja auch im Kopf dein Lieblingslied hören, ohne dass es von einer CD oder im Radio läuft!).

3 Schreibe den Satz oder den Teil eines längeren Satzes auf.

4 Kontrolliere nun Wort für Wort. Berichtige, falls du Fehler gemacht hast.

Übungen

1 Schreibe den Text fehlerfrei ab.

Als die Menschen das Kamel zum ersten Male sahen, staunten sie über die Größe des Tieres und flohen bestürzt davon.

Bald merkten sie aber, dass es nicht so furchtbar sei, wie sie es erwartet hatten, sondern dass man es leicht bändigen könne. Sie fingen es mit geringer Mühe ein und verwendeten es zu ihrem Nutzen. Ganz geduldig ließ es alles mit sich geschehen und wich jeder Gefahr aus. Nun fingen die Menschen an, weil es trotz seiner Größe und Stärke sich nie widerspenstig zeigte, sondern sich jede Kränkung ruhig gefallen ließ, es zu verachten, zäumten es auf und ließen es von ihren Kindern leiten.

Äsop

2 Vergleiche deine Abschrift mit der Vorlage. Falls du Fehler entdeckst, korrigiere sie.

TIPP Übe das Abschreiben regelmäßig. Jeder Text ist geeignet.

Nachschlagen

Wenn du dir nicht sicher ist, wie ein Wort geschrieben wird, schlage in einem Wörterbuch nach. Die Wörter sind dort nach dem Alphabet geordnet. Innerhalb eines Buchstabens sind die Wörter dann nach dem zweiten, dritten und vierten Buchstaben geordnet.

Beispiel:

der **K**uchen
das **L**and
die **Le**hrerin
die **Leu**chte
die **Leut**e
...

Was ist, wenn ein Wort nicht im Wörterbuch steht, etwa „(sie) nahmen" oder „Sonnenlicht"? Oder wenn man unsicher ist, ob ein Wort mit f oder v anfängt? Im Wörterbuch stehen die Verben im Infinitiv. Um die Schreibweise eines gebeugtes Verbes nachzuschlagen, musst du also den Infinitiv suchen.

Beispiel:

nahmen → nehmen, ging → gehen,
sahen → sehen

Leider stehen nicht alle Wortzusammensetzungen im Wörterbuch. Für „Sonnenlicht" musst du unter „Sonne" und unter „Licht" nachschauen.
Wenn du unsicher bist, mit welchem Buchstaben ein

Wort beginnt, schaue einfach unter beiden Möglichkeiten nach, also z. B. unter f und unter v.

Übungen

1 Sortiere die Wörter nach dem Alphabet und schreibe sie auf.

Puppenhaus – lenken – fertig – kratzen – lecken – bequem – Liste – Liebe – Vorfahrt – Lehrerin – niemals – nämlich – leuchten

2 Schlage die folgenden Wörter in deinem Wörterbuch nach. Notiere, bei welchem Eintrag du sie gefunden hast.

spannte – kroch – Treppenhaus – geschah – größer – Jüngling – Spitzbart – wechselseitig – misst – getroffen – bienenfleißig

8 Zeichensetzung

Jeder Satz endet mit einem Satzschlusszeichen (→ Satzarten, S. 37).

Kommasetzung

Innerhalb eines Satzes gliedert das Komma die Teile des Satzes. Es trennt Wörter, Wortgruppen und Teilsätze. Aufzählungen werden durch Komma getrennt. Vor *und* oder *oder* steht bei Aufzählungen kein Komma.

Beispiel:

Tim mag am liebsten Pizza, Spagetti, Salat und Milchreis.

Wörter wie *dass, weil, obwohl, ob, damit* verbinden Satzteile. Vor ihnen steht immer ein Komma.

Beispiel:

Maria ist sich nicht sicher, **ob** sie mitkommen soll.
Felix beeilt sich, **damit** er pünktlich ist.
Draußen ist es warm, **obwohl** es regnet.

Übungen

1 In diesen Sätzen fehlen die Kommas. Schreibe sie ab und ergänze die Kommas.

Markus schien ruhig interessiert und aufmerksam zuzuhören.
Gehen wir ins Kino ins Schwimmbad zum Minigolfen oder zum Eisessen?
Er wollte kein Brot kein Obst kein Eis keine Suppe und keine Pizza.
Jennifer bürstete kämmte und föhnte den ganzen Vormittag ihre Haare.

2 Schreibe die Sätze ab und ergänze die Kommas.

Marie fuhr so schnell dass sie mit großem Abstand ins Ziel kam.
Paul war sehr traurig weil er den Hauptpreis nicht gewonnen hatte.
Es war draußen eisig kalt obwohl die Sonne schien.

Es ist seltsam dass manche Menschen mit dem Auto zum Bäcker um die Ecke fahren.
Ich lese viel weil ich dadurch Neues erfahre.
Es war sensationell wie der Torwart den Ball aus dem Eck holte.

Wörtliche Rede und Redezeichen

Wörtliche Rede wird in Anführungszeichen gesetzt.

Beispiel:

„Hallo, mein Name ist Max."

Bei der wörtlichen Rede steht meist ein Redebegleitsatz. Dieser kann vor, hinter oder zwischen der wörtlichen Rede stehen.

Beim **vorangestellten Redebegleitsatz** wird die wörtliche Rede mit einem Doppelpunkt eingeleitet und endet mit einem Satzschlusszeichen vor dem Anführungszeichen.

Beispiel:

Er sagte: „Ich will heute nicht!"

Beim **nachgestellten Redebegleitsatz** folgt nach der wörtlichen Rede ein Komma. Beim Aussagesatz wird kein Punkt gesetzt.

Beispiel:

„Wir wollen heute Nachmittag ins Schwimmbad gehen", sagt Tim.

Frage- und Ausrufesätze behalten ihre Satzzeichen.

Beispiel:

„Willst du nicht kommen?", fragte Steffen.
„Du kommst jetzt!", rief sie.

Der **eingeschobene Redebegleitsatz** wird durch zwei Kommas eingeschlossen.

Beispiel:

„Beeil dich", rief sie, „sonst kommen wir zu spät!"

Übung

■ Tim unterhält sich mit Tiffany. Schreibe die Sätze ab und ergänze die notwendigen Anführungszeichen, Doppelpunkte und Kommas.

Das war eine ganz schön schwere Probe stöhnt Tim.
Ja, finde ich auch antwortet Tiffany vor allem die Aufgabe mit den Redezeichen hatte es in sich.
Manchmal war mir gar nicht klar, was ich machen sollte meint Tim.
Und Tiffany ergänzt Außerdem war die Zeit viel zu kurz. Als Herr Meinrad sagte, die Zeit sei bald um, war ich gerade bei der Hälfte!
Auf jeden Fall vermutet Tim bekomme ich deswegen wieder Ärger daheim.
So ein Mist! ruft Tiffany. Das verdirbt mir das ganze Wochenende.
Soll ich dich morgen abholen? fragt Tim, bevor sie sich trennen.

TEST

1 Klein- oder großgeschrieben? Schreibe den Text ab und ergänze die fehlenden Buchstaben.

Am __ochenende fahren Kevin und sein Freund Mark gerne zum __afen. Dort gibt es viel zu __ntdecken. Sie __eobachten die vielen Schiffe, die aus fernen __ändern ankommen. __ie beiden Freunde __tellen sich oft vor, wie es wäre, wenn sie selbst mal auf einem __chiff mitfahren könnten. Sie wären wochenlang unterwegs und müssten auch Stürme __berstehen. Sicher bekämen sie auch bald __eimweh. Bei diesem Gedanken wird ihnen ganz mulmig. Lieber __chauen sie sich die Schiffe im Hafen an.

2 Setze die fehlenden Buchstaben ein. Mache vorher die Verlängerungsprobe.

b oder p? der Die__, er hu__t, sie blei__t

d oder t? die Han__, das Pfer__, der Ra__

g oder k? der Zwer__, muti__, das Bauwer__

3 Schreibe die Wörter ab und unterstreiche die Vokale, die lang gesprochen werden.

leben	lachen	springen
sehen	Hose	

4 Diese Wörter sind mit einem Längezeichen geschrieben. Schreibe die Wörter ab und unterstreiche die Längezeichen.

das Moor, das Beet, das Reh, die Bahn, die Biene, tief, leer, sehr, ihm

TEST

5 Schreibe ab und ergänze die Lücken.

k oder ck? die He__e, die Kran__heit, die De__e, die Nel__e, dan__e

z oder tz? die Ka__e, tro__, kur__, die Wür__e, die Ta__e

6 Schreibe die Wörter ab und setze die fehlenden Buchstaben ein.

äu oder eu? die Z__ne, das H__, die Katzenstr__, die B__me, die R__me

ä oder e? die K__sten, l__nger, __ng, die K__lte, str__ng

Erkläre die Schreibung mit äu und ä, indem du ein verwandtes Wort findest.

Beispiel: der Läufer (laufen), der Ärmel (der Arm)

7 Sortiere die folgenden Wörter nach dem Alphabet.

Kiste, Sonntag, schon, schwierig, Kamel, Kissen, Schwamm, Kalender, krumm, Schrank

8 Schreibe die Sätze ab und ergänze die fehlenden Kommas.

Die Lieblingsfächer von Nils sind Sachkunde Sport und Deutsch.

Kaninchen fressen gerne frisches Heu Karotten Äpfel Petersilie und Zweige.

Max kommt heute zu spät weil er den Bus verpasst hat.

TEST

Lisa möchte gerne draußen spielen obwohl es regnet.

9 Schreibe den Text ab und ergänze die fehlenden Anführungszeichen, Doppelpunkte und Kommas.

Daniel möchte gerne Fußball spielen und fragt seinen Freund Hast du Lust, Fußball zu spielen? Ja, klar antwortet sein Freund Jan. Wir brauchen aber noch zwei Mitspieler, zu zweit ist es langweilig. Jan ergänzt Lass uns doch Maria und Stefanie fragen. Na gut, dann frag du sie aber erwidert Daniel. Maria und Stefanie hatten große Lust, mitzuspielen. Die vier hatten viel Spaß miteinander.

Grammatik

Grammatik hilft, den Aufbau und die Wirkung von Sprache zu verstehen. Grammatisches Wissen hilft dir aber auch bei der Rechtschreibung. Viele Fehler passieren in der Groß- und Kleinschreibung. Fehler können aber vermieden werden, wenn man weiß, zu welcher Wortart ein bestimmtes Wort gehört. Grammatik hilft dir auch beim Schreiben von Texten. Wenn du weißt, wie Sätze aufgebaut sind, kannst du sie leichter umstellen und einen Text lebendiger und abwechslungsreicher schreiben.

1 Wichtige Grundbegriffe

Alphabet: Die 26 Buchstaben der deutschen Sprache sind nach dem Alphabet geordnet. Diese Ordnung ist deshalb sinnvoll, weil so Wörter und Begriffe in der immer gleichen Reihenfolge aufgelistet sind, was das Nachschlagen im Wörterbuch ermöglicht und vereinfacht.

Buchstabe: Ein Buchstabe ist der kleinste Baustein der *geschriebenen* Sprache. Mit den nur 26 Buchstaben kann man sehr, sehr viele Wörter schreiben. Ein Buchstabe kann verschiedene Laute beinhalten.

Laut: Ein Laut ist der kleinste hörbare Baustein der *gesprochenen* Sprache. Es gibt mehr Laute als Buchstaben. Manche Laute können deshalb nur durch Buchstabenkombinationen wiedergeben werden.

Vokal: Man sagt häufig, Vokale ließen die Wörter klingen. Vokale sind auch so genannte Silbenträger; das heißt, jede Silbe braucht mindestens einen Vokal.
Es gibt einfache Vokale: a, e, i, o, u
Doppellaute (Diphthonge): ei, ai, au, äu, eu
Umlaute: ä, ö, ü

Konsonant: Die lassen sich ganz einfach bestimmen. Alle Laute, die keine Vokale sind, sind Konsonanten.

Silbe: Spricht man ein Wort langsam und deutlich aus, zerfällt es in so genannte Silben: So-fa, Fuß-ball, Ru-he-kis-sen. Eine Silbe braucht mindestens einen Vokal.

Wortstamm: Viele Wörter haben einen gemeinsamen Bestandteil, den Wortstamm. Mit dem Wortstamm kann man eine Menge verwandter Wörter bilden, die Wortfamilie.

Beispiel:

Wortfamilie „fallen": abfallen, hinfallen, einfallen, gefallen, überfallen, umfallen, zerfallen, der Fall, der Unglücksfall, die Falle, der Abfall, der Einfall, der Überfall, fällig, der Holzfäller, das Gefälle

2 Wortarten

Man unterscheidet die Wortarten in veränderbare und nicht veränderbare Wortarten. Veränderbare Wortarten sind: Nomen, Verb, Adjektiv, Pronomen. Alle anderen Wortarten sind nicht veränderbar.

Nomen: Die Nomen sind die einzigen Wörter, die man auch innerhalb eines Satzes großschreibt. Nomen bezeichnen Lebewesen, Gegenstände aber auch Gefühle und Eigenschaften.
Nomen können in der Einzahl (Singular) und in der Mehrzahl (Plural) stehen. Vor Nomen kann man einen bestimmten oder einen unbestimmten Artikel setzen:

Beispiel:

die Tüte – **eine** Tüte, **das** Haus – **die** Häuser,
der Schüler – **ein** Schüler

Nomen kann man in vier Fälle setzen.

1. Fall (Nominativ):	**Der Kater** miaut.	Wer oder was?
2. Fall (Genitiv):	Das Halsband **des Katers** ist blau.	Wessen?
3. Fall (Dativ):	Ich gebe **dem Kater** Futter.	Wem?
4. Fall (Akkusativ):	Ich streichle **den Kater**.	Wen oder was?

Mit den Fragewörtern kannst du herausfinden, in welchem Fall ein Nomen steht.

Verb: Verben bezeichnen Tätigkeiten (ich schreibe) oder Vorgänge (es regnet).
Verben heißen auch Zeitwörter, weil man sie in verschiedene Zeitstufen (Vergangenheit, Gegenwart, Zukunft) setzen kann.

Beispiel:

ich fliege (Gegenwart)
ich flog (1. Vergangenheit)
ich bin geflogen (2. Vergangenheit)
ich werde fliegen (Zukunft)

Adjektiv: Adjektive bezeichnen Eigenschaften von Lebewesen (der **junge** Hund), Dingen (die **alte** Schreibmaschine) und Gefühlen (die **süße** Rache).
Sie beschreiben aber auch eine Tätigkeit (Sie fährt **schnell**.) oder ein Verhalten näher (Er ist **mutig**.).
Adjektive lassen sich steigern:
Grundstufe: Jonas ist **groß**.
1. Vergleichsstufe: Lisa ist **größer**.
2. Vergleichsstufe: Lukas ist **am größten**.
Wenn Adjektive bei einem Nomen stehen, werden sie zusammen mit dem Nomen gebeugt.

Beispiel:

Der **neue** Mitschüler ist nett.
Die Schultasche des **neuen** Mitschülers.
Ein **neuer** Mitschüler kommt nächste Woche.

Pronomen: Oft werden die Pronomen als Stellvertreter bezeichnet. Sie stehen dann alleine und verweisen auf ein Nomen oder ersetzen es: Beispiele für Pronomen sind: er, es, dieser, jene, derselbe.
Ein wichtige Gruppe sind die persönlichen Fürwörter (Personalpronomen).

	Singular	Plural
1. Person	ich	wir
2. Person	du	ihr
3. Person	er, sie, es	sie

Es gibt eine ganze Menge Wörter, die sich nicht verändern lassen. Man fasst sie unter „andere Wortarten" zusammen.

Beispiel:

unter, wegen, gestern, trotz, hallo, meistens ...

Übungen

1 Überprüfe, ob es sich bei den Wörtern um Nomen handelt. Schreibe die Nomen heraus.

BEVOR – FLÜSSIGKEIT – KRATZEN – LAMPE – GLATT – SEE – STÜCK – NASS – PILZ – TRÄNEN – TIEF – JEMAND – EHRLICH – VERLIEREN – STIEL – RICHTIG

2 Unterstreiche das Nomen, das in den Sätzen in allen vier Fällen vorkommt, und den dazugehörigen Artikel.

Der Hamster nagt an einem Apfel.
Der Käfig des Hamsters muss gereinigt werden.
Ich gebe dem Hamster frisches Wasser.
Ich nehme den Hamster aus dem Käfig heraus.

3 Ordne dann die unterstrichenen Nomen den vier Fällen zu.

1. Fall: Wer oder was? der Hamster

...

4 Schreibe Sätze auf, in denen das Nomen „der Hund“ in den vier Fällen vorkommt.

5 Lege eine Tabelle mit Zeitstufen an. Setze die folgenden Verben in die entsprechende Zeitform.

Grundform	Gegenwart	1. Vergangenheit	2. Vergangenheit	Zukunft
trinken	ich trinke			
rennen	er ...			
sprechen	sie ...			
holen	du ...			
brauchen	ihr ...			
kommen	es ...			
bringen	wir ...			

6 Suche zehn Adjektive und steigere sie.

Grundstufe	1. Vergleichsstufe	2. Vergleichsstufe
schön	schöner	am schönsten
...	...	...

7 Suche zehn Wörter, die du nicht verändern kannst, und schreibe sie auf.

3 Wortbildung

Zusammengesetzte Wörter

Die deutsche Sprache besteht zu einem großen Teil aus zusammengesetzten Wörtern.
Ein einfaches Beispiel ist *Regenschirm*. Hier wurden zwei Nomen zusammengesetzt:
der Regen + der Schirm.
Das erste Wort ist das Bestimmungswort und das zweite Wort das Grundwort. Das Bestimmungswort bestimmt das Grundwort genauer (**Bild**schirm, **Sonnen**schirm).

Man kann auch andere Wortarten zusammensetzen. Wichtig ist hier, dass der zweite Teil die Wortart bestimmt:

Beispiel:

stein**alt**
Nomen + Adjektiv = Adjektiv

Laut**sprecher**
Adjektiv + Nomen = Nomen

nass**kalt**
Adjektiv + Adjektiv = Adjektiv

Erzähl**kreis**
Verb + Nomen = Nomen

Übung

■ Suche zu jeder der angegebenen Möglichkeiten drei Beispiele.

Nomen + Nomen
Nomen + Adjektiv
Adjektiv + Nomen
Adjektiv + Adjektiv
Verb + Nomen

Wortbausteine

Wörter können auch mit Wortbausteinen gebildet werden.

Ver	pack	ung

Den mittleren Teil im Beispiel kennst du schon: Das ist der Wortstamm. Das, was vor dem Stamm steht, nennt man Vorsilbe. Das, was danach steht, Nachsilbe.

Es gibt wichtige **Nachsilben**, die man sich merken sollte. Das hilft vor allem beim Richtigschreiben: An den Nachsilben -ung, -heit, -keit, -nis, -schaft, -tum kannst du Nomen erkennen (Gemein**schaft**, Reich**tum**). An den Nachsilben -ig, -lich, -bar, -isch, -sam kannst du Adjektive erkennen (schreck**lich**, sonder**bar**).
Wichtige Vorsilben sind vor-, ver-, ab-, aus-, ent-.

4 Sätze

Satzarten

Es gibt verschiedene Satzarten.

Aussagesatz

Die meisten Sätze sind Aussagesätze. Wenn man den Satz spricht oder liest, geht die Stimme automatisch am Satzende nach unten. Aussagesätze schließen mit einem Punkt.

Beispiel:

Ich gehe ins Kino.
Heute ist Verena sehr müde.

Fragesatz

Beim Fragesatz geht die Stimme am Satzende nach oben: Der Fragesatz endet mit einem Fragezeichen.

Beispiel:

Willst du heute zu mir kommen?
Gehen wir ins Schwimmbad?

Aufforderungssatz

Jemand fordert einen andern auf, etwas zu tun. Der Aufforderungssatz endet mit einem Ausrufezeichen.

Beispiel:

Hol mir doch bitte das Brot!
Schließe das Fenster!

Ausrufesatz

Durch den Ausrufesatz drückt man seine Freude oder seine Überraschung aus.
Der Ausrufesatz endet mit einem Ausrufezeichen.

Beispiel:

So ein schönes Auto!
Unglaublich!

Übung

Entscheide, welches Satzzeichen stehen muss.

Wir waren alle sehr froh
Wie heißen die Teiler von 45
Wie wunderbar
Warum kommst du nicht mit
Ich habe Hunger
Hör sofort auf damit
Das kann doch nicht wahr sein
Spielst du mit mir Memory
Ich fahre immer mit Helm Fahrrad
Es war einmal ein kleines Mädchen
Der Hase trifft den Igel am Ackerrand

Satzglieder

Jeder Satz besteht aus Bausteinen. Diese Bausteine nennt man Satzglieder. Um herauszufinden, aus wie vielen Satzgliedern ein Satz besteht, stellt man den Satz einfach um. Alle die Wörter, die bei den verschiedenen Umstellungen immer beieinander bleiben, sind Satzglieder.

Beispiel:

Maria liest ein Buch.
Liest Maria ein Buch?
Ein Buch liest Maria.

Subjekt, Prädikat, Objekt

Die drei wichtigsten Satzglieder heißen Subjekt, Prädikat und Objekt. Um sie in einem Satz zu finden, kannst du dir folgende Fragen stellen:

- Nach dem Subjekt fragt man mit: Wer oder was?

Wer liest das Buch? Maria.

- Nach dem Prädikat fragt man mit: Was tut jemand? Was geschieht?

Was tut Maria? Sie liest.

- Nach dem Objekt fragt man mit: Wem (3. Fall, Dativobjekt) oder Wen oder was? (4. Fall, Akkusativobjekt)

Was liest Maria? Ein Buch.

Der wichtigste Satzbaustein ist das Prädikat (Satzkern). Das Prädikat ist immer ein Verb.

Beachte, dass das Prädikat auch aus mehreren Wörtern bestehen kann.

Beispiel:

Ich **bin** mit Franziska zum Eishockey **gegangen**.
Ohne Aufregung **trug** er sein Gedicht **vor**.

Jeder Satz besteht mindestens aus **Subjekt** und **Prädikat**.

Beispiel:

Laura rennt.
Felix liest.

Übungen

1 Unterstreiche in den folgenden Sätzen das Prädikat. Frage mit: Was tut jemand? Was geschieht?

Nur selten komme ich in die Stadt. Der Weg dorthin ist mir einfach zu weit. Eine Busverbindung gibt es ja leider nicht. Und die Züge fahren nur einmal am Tag. Schon die lange Fahrt im Auto regt mich auf. Meist habe ich dann gleich schlechte Laune. Langsam schlendere ich durch die Fußgängerzone. An manchen Schaufenstern bleibe ich stehen und betrachte die vielen teuren Dinge. Aber ich kaufe nur selten etwas ein.

2 Markiere die Satzglieder mit verschiedenen Farben und benenne sie. Stelle danach die Sätze dreimal um.

Marisa schenkt ihrer Mutter schöne Blumen.
Sie leiht ihr Lieblingsbuch ihrer besten Freundin.
Der Spieler übergibt dem Mannschaftskapitän den Pokal.

3 Lasse bei jedem Satz Schritt für Schritt einen Satzbaustein weg, bis nur noch Subjekt und Prädikat übrig sind.

Ohne langes Zögern fuhr das Mädchen morgens auf ihrem Roller die lange Anhöhe zum Dorf hinab.
Jeden ersten Sonntag im Monat geht die ganze Familie am Abend zwei Stunden lang um den blau blitzenden See am Fuße des Tegelbergs spazieren.

TEST

1 Schreibe aus dem Text die Nomen, Verben und Adjektive heraus.

Jenny hat ihren roten Kalender verloren. Sie erinnert sich, welche Termine sie nächste Woche hat: Am Montag besuche ich Oma. Dienstag findet die neue Theateraufführung in meiner Schule statt. Kommen Murat und Mareike am Donnerstag? Freitag spiele ich in der Damenfußballmannschaft.

2 Ergänze das Nomen „Baum" in der richtigen Form. Schreibe dazu, in welchem Fall das Nomen steht.

__________________ ist sehr groß.

Die Blätter ________________________ werden braun.

Die Feuerwehr schneidet _________________________ alte Äste ab.

Die Katze klettert auf __________________.

3 In welcher Zeitstufe stehen die folgenden Sätze?

Lara lief die schnellste Zeit.
Morgen wird es regnen.
Anna hat ihren Terminkalender bekleckert.
Ich lese ein spannendes Buch.

TEST

4 Setze den Satz in die Zeitstufen 1. Vergangenheit, 2. Vergangenheit und Zukunft.

Baron Münchhausen liest den Kindern Lügengeschichten vor.

5 Schreibe zu jedem Adjektiv die 1. Vergleichsstufe und die 2. Vergleichsstufe auf.

jung, alt, gut, schön, kurz, hoch

6 Bestimme die Wortarten der zusammengesetzten Wörter.

pfeilschnell, Reisetasche, Schwimmanzug, himmelblau, Autobahn, Spielplatz, bärenstark

7 Suche zu jedem Wortstamm fünf Wörter.

-fahr-
-spiel-
-flieg-

8 Bilde mit den Vorsilben und den Verben neue Wörter.

zu-	laufen
	springen
ab-	brechen
	reisen
hin-	fallen
	sehen

TEST

9 Um welche Satzarten handelt es sich? Schreibe ab und ergänze die passenden Satzzeichen.

Kommst du mit ins Kino

Heute haben wir viel Hausaufgaben bekommen

Mach den Hamsterkäfig sauber

Leihst du mir das Buch

Morgen fahren wir in den Urlaub

Lass mich in Ruhe

Spielst du mit

Vielleicht mache ich morgen einen Ausflug

10 Markiere die Satzglieder.

Jonas liest sein neues Buch.

11 Stelle den Satz nach seinen Satzgliedern um.

Svenja freut sich auf die Ferien.

12 Bestimme die Satzglieder. Markiere das Subjekt rot, das Prädikat grün und die Objekte blau.

Seinem Freund erklärt Ole die Matheaufgabe.

Erzählen und Informieren

Erzählen und Informieren sind zwei unterschiedliche Arten des Sprechens.

Beim **Erzählen** will man alltägliche oder auch besondere Erlebnisse, Handlungen und Vorgänge wiedergeben. Und zwar so, dass die Zuhörer das, was man erzählt, verstehen und nachempfinden können.
Dabei soll entweder
- Interesse geweckt,
- Spannung erzeugt oder
- auf eine witzige Pointe hingearbeitet werden.

Beim **Informieren** geht es darum, Informationen so wiederzugeben, dass der Zuhörer
- genau versteht, was gemeint ist,
- Ergebnisse, etwa von Experimenten, nachvollziehen kann.

Übung

Was gehört eher zum Erzählen, was zum Informieren? Schreibe auf.

a) ein Ferienerlebnis im Morgenkreis

b) einen Sachtext in Stichpunkten zusammenfassen

c) ein Gespräch auf dem Schulweg

d) ein Experiment erklären

e) ein Kurzreferat zum Lieblingsbuch

1 Erzählen

Beim Erzählen solltest du folgende Punkte beachten:

- Erzähle in kurzen, einfachen Sätzen.
- Erzähle so genau wie möglich, damit die Zuhörer alles verstehen.
- Sprich nicht zu schnell und mache Pausen.
- Verändere deine Stimme: übertrieben deutlich sprechen, laut sprechen, geheimnisvoll flüstern usw.
- Setze beim Erzählen deine Hände ein, deine Erzählung wirkt dann lebendiger.
- Schau deine Zuhörer an. Dann fühlen sie sich auch angesprochen.

Es hat eine besonders gute Wirkung auf Zuhörer, wenn du beim Erzählen stehst. Das solltest du immer gleich mitüben. Je öfter du das übst, umso schneller verlierst du deine Scheu davor.

2 Informieren

Einen Vortrag vorbereiten

Wenn du einen Vortrag halten sollst, kannst du dich mit folgenden Schritten vorbereiten:

1 Sammle zu deinem Thema zuerst Informationen und Bilder in Büchern, Zeitschriften und im Internet.
2 Ordne die Informationen.
3 Unterscheide, was für deinen Vortrag wichtig ist und was nicht.
4 Erstelle eine Gliederung.
5 Übe deinen Vortrag mehrmals, am besten vor Freunden.

Beispiel:

Gliederung

Thema „Die Brennnessel“

1 Allgemeines zur Brennnessel
- lateinischer Name
- heilende Wirkung der Brennnessel

2 Warum sticht die Brennnessel?
- Aufbau des Blattes
- Kopf bricht bei Berührung ab
- Brennnesselhaar durchdringt die Haut
- giftiger Saft löst Schmerz aus

3 Zusammenfassung

Tipps für das Vortragen

- Bereite dich gut auf dein Thema vor.
- Sprich deine Zuhörer direkt an und nimm Augenkontakt zu ihnen auf.
- Gib einen kurzen Überblick über dein Thema.
- Mache nach jedem Gliederungspunkt eine Pause. Lasse Rückfragen zu.
- Erkläre Fachbegriffe, sodass alle verstehen, was gemeint ist. Manchmal hilft ein Bild, eine Zeichnung oder eine Tabelle.
- Verwende kurze Sätze und halte deinen Vortrag nicht zu lang.

Dein Vortrag wirkt besonders gut, wenn du beim Sprechen stehst und möglichst frei sprichst. Notiere nur die Gliederung und die Stichwörter. Lies nicht vom Blatt ab. Nur was man frei erklären kann, hat man auch wirklich verstanden. Das merken auch die Zuhörer.

Übungen

1 Halte einen kurzen Vortrag über dein Lieblingstier oder deinen Lieblingssport. Es kann auch ein anderes Thema sein. Hauptsache, es interessiert dich.

2 Besorge dir Informationen und bereite einen Vortrag vor. Halte deinen Vortrag vor deiner Familie, deinen Freunden oder in deiner Schule.

TEST

1 Was gehört zum Erzählen und was zum Informieren? Ordne zu.

vom Wochenende berichten
sich mit Freunden auf dem Schulhof unterhalten
einen Versuch beschreiben
einen Witz erzählen
Erlebnisse schildern
einen Vortrag halten

2 Wie bereitest du einen Vortrag vor? Ordne die Sätze in die richtige Reihenfolge.

Ich erstelle eine Gliederung.
Ich sammle zuerst Informationen.
Ich übe den Vortrag.
Ich unterscheide, was für meinen Vortrag wichtig ist und was nicht.
Ich ordne die gesammelten Informationen.

Texte schreiben

Schreiben lernt man nur durch Schreiben. Und zwar durch jede Art von Schreiben.
Zum Texteverfassen gehören das Vorbereiten, das eigentliche Schreiben und das Überarbeiten.
Einen Text zu schreiben kommt in unserem Alltag oft vor: Briefe, Tagebucheinträge, SMS und E-Mails.

1 Schreiben vorbereiten

Wenn du eine Geschichte vorbereitest, ist es sinnvoll, erst einmal möglichst viele Ideen und Material zu sammeln. Bei Sachtexten sammelst du Informationen zu einem bestimmten Thema. Bei anderen Texten kommt es auf deine eigenen Ideen an.
Bevor du mit dem Schreiben loslegst, solltest du diese Ideen auf einem eigenen Blatt sammeln. Dafür gibt es zwei Möglichkeiten:

- ungeordnet: Du schreibst nacheinander alle Gedanken in der Reihenfolge auf, wie sie dir in den Sinn kommen.
- geordnet: Du schreibst die Dinge, die zusammengehören, geordnet auf. Beim Schreiben kannst du dann auf diese Ideen zurückgreifen. Du wirst feststellen, dass das sehr hilfreich ist.

2 Schreiben wie am Fließband

Viele Geschichten sind in sieben Schritten aufgebaut. Diese Schritte bilden das Gerüst der Geschichte. Nun muss das Gerüst noch gefüllt werden. Dabei kannst du auch neue Einfälle einfließen lassen.

Schritt 1: Gib die Zeit an, in der deine Geschichte spielt.
Schritt 2: Mache möglichst genaue Angaben über den Ort.
Schritt 3: Nun geschieht etwas Unerwartetes.
Schritt 4: Was sind die Folgen dieses Geschehens?
Schritt 5: Was ist das Ergebnis davon?
Schritt 6. Wie endet die Geschichte?
Schritt 7: Nun fehlt nur noch die Überschrift!

Übungen

1 Schreibe zu den Vorgaben eine Geschichte. Du wirst sehen, das geht ganz einfach.

1. Zeit: Mittelalter
2. Ort: ein Schiff auf dem Meer
3. Etwas Unerwartetes geschieht: ein seltsames Meerestier taucht auf
4. Folgen: großes Durcheinander
5. Ergebnis: ein Plan wird gefasst
6. Ende: Bericht beim König, Belohnung
7. Überschrift: Seltsame Rettung

2 Lege nun selbst die Vorgaben fest. Schreibe dazu eine Geschichte auf und gib sie jemandem zum Lesen.

1. Zeit:
2. Ort:
3. Etwas Unerwartetes geschieht:
4. Folgen:
5. Ergebnis:
6. Ende:
7. Überschrift:

Eine weitere Möglichkeit, eine Geschichte zu schreiben, ist die Heldenreise. Man findet sie in vielen Märchen, Geschichten und auch in Filmen. Eine Heldengeschichte wird nach diesen Vorgaben geplant:

1 Der Held befindet sich zu Beginn in seiner gewohnten Umgebung. Er erhält eine Nachricht, die ihn zum Handeln und Reisen veranlasst.

2 Der Held begibt sich auf die Reise, erringt einen „Schatz".

3 Der Held macht sich auf den Rückweg in seine gewohnte Welt und bringt den „Schatz" mit.

4 Dadurch bereichert und verändert er seine Umgebung.

Übung

■ **Schreibe nach diesem Muster eine Heldenreise.**

3 Texte überarbeiten

Wenn du einen Text geschrieben hast, steht noch ein Arbeitsschritt aus: das Überarbeiten. Dabei kannst du Rechtschreibfehler korrigieren und den Ausdruck noch verbessern. Viele Schüler können das in der Schule machen. Vielleicht ist das ja bei dir auch so. Auch während des Schreibens lassen sich Texte überarbeiten, indem man Wörter verändert, umstellt, durchstreicht oder einfügt.
Nimm dir für das Überarbeiten eines Textes nicht zu viel auf einmal vor. Am besten konzentrierst du dich zunächst auf eine Sache, die du überarbeiten willst, und machst danach die nächste. Damit behältst du die Übersicht und verzettelst dich nicht.

TIPP Beim Überarbeiten solltest du dir nicht mehr als zwei Dinge vornehmen. Sonst ist die Gefahr groß, dass du vieles anfängst, aber nicht sinnvoll und befriedigend abschließt.

Oft wirken Texte langweilig oder holprig, weil sich ein Wort ständig wiederholt. Wortfelder können dir helfen, einen Text abwechslungsreich zu schreiben. Ein Wortfeld ist eine Gruppe von Wörtern mit verwandten Bedeutungen. Die Wörter eines Wortfeldes sind nicht beliebig untereinander austauschbar. Prüfe deshalb immer, ob das Wort zu deinem Text passt.

Wichtige Wortfelder

sprechen/sagen: begrüßen, berichten, besprechen, erklären, erwähnen, erwidern, erzählen, flüstern, fragen, jammern, klagen, mahnen, mitteilen, murmeln, nennen, plaudern, reden, rufen, schimpfen, schreien, stammeln, stottern, unterhalten …

gehen: bummeln, eilen, flitzen, hasten, humpeln, huschen, marschieren, rasen, rennen, sausen, schleichen, schlendern, schreiten, springen, steigen, stolpern, stolzieren, stürmen, überqueren, wandern, waten …

sehen: bemerken, beobachten, besichtigen, betrachten, blinzeln, entdecken, erkennen, erspähen, gaffen, glotzen, gucken, schauen, spähen, spitzen, starren …

Übungen

1 Lies den Text. Ein Wort wiederholt sich sehr oft. Ersetze es durch andere Wörter aus dem gleichen Wortfeld.

„Das darf doch nicht wahr sein“, sagte Marisa und wischte sich die Tränen aus dem Gesicht. „Ich verstehe auch nicht, wie das passieren konnte“, sagte Verena mit vor Ärger rotem Kopf. „Da haben wir schon so klar geführt und doch verloren!“, sagte Marisa wieder. „Das glaubt uns kein Mensch, wenn wir das erzählen“, sagte Franziska leise. „Was nützt es mir, dass ich drei Tore geschossen habe, wenn die andere Mannschaft in den letzten zehn Minuten vier Tore schießt?“, sagte Jana mit hochgezogenen Augenbrauen.

2 Ändere in einem zweiten Schritt den immer gleichen Aufbau der Sätze. Die Umstellprobe hilft dir dabei.

TIPP Wenn du am Computer schreibst, stellt dir die Textverarbeitung eine Funktion zur Verfügung, die äußerst nützlich ist: den so genannten Thesaurus. Hier kannst du dir Wörter mit gleicher oder ähnlicher Bedeutung anzeigen lassen und entscheiden, welches Wort gut in deinen Satz passt. Nutze diese Hilfe!

Ob ein Text gelungen oder eher nicht so gut ist, kannst du mit den folgenden Fragen überprüfen:

- Kann mein Leser alles verstehen, was ich geschrieben habe?
- Ist mein Text lustig, spannend, gruselig ...?
- Ist der Text in Sinnabschnitte gegliedert?
- Sind meine Sätze immer gleich aufgebaut oder abwechslungsreich? (Das merkt man oft schon an den Satzanfängen.)
- Verwende ich wörtliche Rede?
- Kann ich ein Wort durch ein besseres aus dem Wortfeld ersetzen?
- Passt meine Überschrift?

Übungen

1 Lies die beiden folgenden Texte und beantworte die drei Fragen:
– Kann der Leser alles verstehen?
– Sind die Sätze immer gleich aufgebaut oder abwechslungsreich?
– Ist der Text in Sinnabschnitte gegliedert?

2 Überlege dir dann für jeden der beiden Texte zwei Überarbeitungsaufträge.

3 Schreibe beide Texte neu auf.

Reingefallen!
Es war der erste April. Ich hatte mir vorgenommen, meinen Vater so richtig reinzulegen. Ich stand ganz früh auf und richtete alles her und legte mich danach wieder ins Bett und wartete darauf, dass mich mein Vater aufweckt. Er kam wie immer um 7 Uhr in mein Zimmer. Er weckte mich. Ich öffnete die Augen und sagte: „Papa, du weckst mich heute viel zu früh!" Mein Vater sagte: „Ach Jonas, jeden Tag das Gleiche. Steh' auf!" Ich sagte: „Nein, Papa, schau doch auf meine Uhr." Mein Vater schaute auf meine Uhr, 6 Uhr! Er lief in die Küche, 6 Uhr! Er lief ins Wohnzimmer, 6 Uhr! Er sagte. „Jonas, du hast Recht. Schlaf noch eine Stunde." Ich sagte: „April, April!" Wir mussten beide lachen.

Mensch-ärgere-dich-nicht

Man muss alle Spielfiguren in sein Haus bringen. Hat man eine Sechs, darf man eine neue Spielfigur losschicken. Wenn man als Erster alle Spielfiguren im Haus hat, hat man gewonnen. Wenn man herausgeworfen wird, muss man noch einmal von vorne anfangen. Im Haus darf nicht übersprungen werden. Man muss genau die Augenzahl würfeln, die passt.

TEST

1 Was ist wichtig, wenn du das Schreiben eines Textes vorbereiten willst? Schreibe auf.

2 Überlege, nach welchen Schritten eine Geschichte aufgebaut sein sollte. Ordne die Schritte in die richtige Reihenfolge.

Was geschah nacheinander?
Eine Überschrift finden
Wo spielt die Geschichte?
Wie endet die Geschichte?
Wann spielt die Geschichte?

3 Du kannst Texte überarbeiten, indem du Wörter ersetzt, die sich in deinem Text oft wiederholen. Dabei helfen dir Wörter aus dem gleichen Wortfeld. Suche zehn Wörter aus dem Wortfeld „sagen".

4 Schreibe Fragen auf, mit denen du überprüfen kannst, ob du deinen Text noch überarbeiten solltest.

Lesen

1 Verschiedene Texte

Grob unterscheidet man zwei Arten von Texten:

- Sachtexte (informierende Texte)
- erzählende Texte.

Die Unterscheidung ist einfach:

Sachtexte

- informieren (Wie Wale leben, Die Ritter im Mittelalter),
- erklären (Warum ist das Meer blau?),
- geben eine Anweisung (Rezepte, Gebrauchsanweisungen).

Sachtexte sind nicht immer einfach zu verstehen. Manchmal muss man sie mehrmals lesen, bis man alles verstanden hat. Wie das am besten geht, kannst du auf S. 62 nachschlagen.

Erzählende Texte sind erfunden; das heißt aber nicht, dass das Beschriebene sich nicht so zugetragen haben könnte. Es gibt verschiedene Arten von erzählenden Texten:

Fantastische Erzählung
Diese Gesichten sind in der Wirklichkeit nicht möglich. Es gibt sie nur in der Fantasie. Fantastische Geschichten können sehr spannend (Harry Potter) oder auch lustig sein (Pippi Langstrumpf).

Märchen
Märchen sind Volkserzählungen. Sie wurden über Jahrtausende hinweg mündlich überliefert. Märchen wurden auch unter Erwachsenen erzählt, um sich zu unterhalten. Erst im 18. Jahrhundert wurde das Märchen zu einer Erzählung für Kinder. Die bekanntesten deutschen Märchen sind von den Brüdern Grimm gesammelt und aufgeschrieben worden.

Fabel
Eine Fabel ist eine Erzählung, in der Tiere so handeln, dass man sagen könnte, ebenso könnten sich Menschen verhalten. Die Tiere sprechen und haben auch menschliche Eigenschaften. Diese Eigenschaften sind in fast allen Fabeln gleich: Beispielsweise ist der Fuchs immer besonders schlau. Fabeln enden immer mit einer Lehre.

Schwank

Der Schwank ist eine lustige Art von Geschichten. Bekannt sind die Geschichten von den Schildbürgern oder Till Eulenspiegel. In einem Schwank wird oft ein Mächtiger durch einen listigen Schwachen verspottet und meistens unterliegt dabei der Mächtige dem Schwachen.
Einen ähnlichen Schelm, wie es Till Eulenspiegel bei uns ist, gibt es übrigens auch in der Türkei: Dort heißt er Nasreddin Hodscha.

Sage

Eine Sage erzählt von einem ungewöhnlichen Geschehen, das sich zugetragen haben soll. Man weiß nicht genau, ob die Geschichte wirklich so passiert ist, wie es die Sage erzählt.
Eine der bekanntesten Sagen ist die vom Rattenfänger von Hameln.

Übung

■ **Hast du ein Lieblingsbuch oder eine Lieblingsgeschichte? Lies einen Teil daraus jemand anderem vor. Das trainiert deine Lesefähigkeit. Natürlich kann du auch für dich selbst lesen. Versuche regelmäßig zu lesen, damit trainierst du das Lesen am besten.**

2 Texte erschließen und verstehen

Um einen Text zu verstehen, ist es wichtig, ihn aufzubereiten. Das gilt vor allem für Sachtexte. Dafür gibt es hilfreiche Techniken. Am besten gehst du dabei so vor:

- Orientiere dich zuerst anhand von Überschriften und Bildern.
- Lies dir den Text in Ruhe durch.
- Kreise nun wichtige Begriffe und Schlüsselwörter rot ein.
- Unterstreiche mit blauer Farbe Informationen, die dir wichtig erscheinen.
- Schreibe Fragen, Notizen und alles, was du nicht verstanden hast, mit grüner Farbe an den Rand.
- Unterteile den Text in einzelne Abschnitte. Finde Oberbegriffe für die Textabschnitte und schreibe sie an den Rand.
- Versuche nun, den Text mit Hilfe der Oberbegriffe und mit eigenen Worten wiederzugeben.

Nicht immer sind alle Schritte notwendig. Das hängt davon ab, ob ein Text leicht oder schwer verständlich ist.

Übungen

1 Bereite den folgenden Sachtext auf. Verwende die Schritte von Seite 62, die dir notwendig erscheinen, damit du den Text mit eigenen Worten wiedergeben kannst.

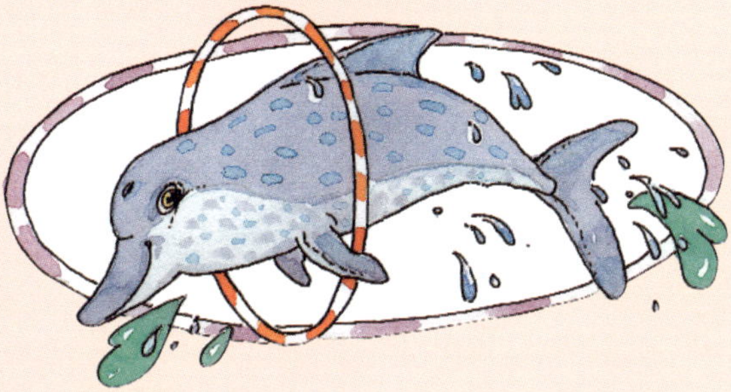

Delfine

Delfine gehören zu den intelligentesten Tieren, die es gibt. Ihr Gehirn ist außergewöhnlich gut entwickelt. Es lässt sich durchaus mit dem menschlichen Gehirn vergleichen. Schon 1966 wurde Hochseefischern deshalb das Fangen von Delfinen verboten. Delfine verhalten sich aber nicht nur besonders intelligent, sie besitzen sogar hervorragende Eigenschaften, wie Verantwortungsbewusstsein und Gemeinschaftssinn.

Fischer und Seefahrer berichten, sie hätten Delfine gesehen, die verwundete Artgenossen retteten. Aber Wissenschaftler hielten diese Erzählungen für Seemannsgarn, obwohl schon die alten Griechen davon berichteten. Sorgfältige Beobachtungen in großen Seewasseraquarien und von Forschungs-

schiffen aus haben ergeben, dass Delfine zu zweit tatsächlich einen verletzten Artgenossen an die Wasseroberfläche bringen, damit er atmen kann. Delfine sind ja keine Fische, sie atmen also durch Lungen. Delfine helfen nicht nur Artgenossen, sie haben auch schon verunglückte Taucher an die Meeresoberfläche zurückgebracht.
Im Delfinarium lernen die Tiere mühelos und vollführen allerlei Kunststücke. Sie springen über Stangen und durch Reifen, werfen Bälle zu den Zuschauern und bringen Gegenstände vom Beckenboden herauf. Nach jeder Vorführung werden sie mit Fischen belohnt. Erstaunlicherweise können die Tiere in einer Gruppe ihr Verhalten so gut aufeinander abstimmen, dass sie zahlreiche Übungen genau gleichzeitig durchführen.

2 Beantworte folgende Fragen zum Text. Schreibe deine Antworten auf ein Blatt Papier.

1. Wer erzählte zuerst davon, dass Delfine Verwundete retten?
2. Was ist mit „Seemannsgarn" gemeint? Schreibe die richtige Antwort auf.
   - ein besonders großer Delfin
   - ein starker Faden zum Nähen von Segeln
   - eine unglaubliche Geschichte
   - ein Buch über die Seefahrt
3. Warum dürfen Delfine nicht mehr gefangen werden?

4. Sind Delfine Fische? Schreibe auf.
   Ja, weil …
   Nein, weil …
5. Delfine sind lernfähig. Schreibe ein Beispiel auf.
6. Warum gelten Delfine als intelligente Tiere? Schreibe die richtige Antworten auf.
   – Weil man sie im Delfinarium (großes Schwimmbecken für Delfine) sehen kann.
   – Weil ihr Gehirn außergewöhnlich gut entwickelt ist.
   – Weil sie schnell lernen.
   – Weil sie durch Lungen atmen.
7. Was hältst du davon, dass Delfine im Delfinarium gehalten werden? Schreibe auf und begründe.

TEST

1 Schreibe auf, welche verschiedenen Techniken es gibt, um einen Text zu erschließen.

2 Lies den folgenden Text und beantworte dann die Fragen.

Eisbären leben in der Arktis in der Nähe vom Nordpol. Ihr Fell ist gelblich weiß und bietet eine gute Tarnung im Eis. Sie haben ein dickes Fell, das sie vor den eisigen Temperaturen schützt. Die einzelnen Fellhaare sind innen hohl, sodass ihr Körper besonders gut isoliert wird.

Eisbären sind Raubtiere. Am liebsten fressen sie Robben, manchmal auch Vögel. Der Geruchssinn von Eisbären ist sehr gut entwickelt. Sie riechen ihre Beute über mehrere Kilometer hinweg. Eisbären können Robben selbst dann wittern, wenn eine dicke Eisschicht zwischen ihnen ist. Meistens wartet der Eisbär an einem Eisloch und fängt die Robbe, wenn sie auftaucht.

Eisbären sind durch den Klimawandel gefährdet. Durch das Abschmelzen des Eises in der Arktis schrumpft der Lebensraum der Eisbären.

Fragen

– Wo leben Eisbären?
– Warum frieren sie nicht?
– Was fressen Eisbären hauptsächlich?
– Durch welche Gefahr sind sie bedroht?

Übersicht Fachbegriffe

Buchstaben

Vokal (Selbstlaut)
a, e, i, o, u

Konsonant (Mitlaut)
b, c, d, f, g, h, j, k, l, m, n, p, q, r, s, t, v, w,
x, y, z

Diphthong (Doppellaut, Zwielaut)
ei, ai, au, äu, eu

Wortarten

Nomen (Substantiv, Namenwort, Hauptwort)
der Baum

Singular (Einzahl)
ein Baum

Plural (Mehrzahl)
die Bäume

Artikel (Begleiter)
der Baum, ein Baum

Nominativ (1. Fall)
der Baum
Genitiv (2. Fall)
des Baumes
Dativ (3. Fall)
dem Baum
Akkusativ (4. Fall)
den Baum

Verb (Tätigkeitswort, Tunwort/Tuwort)
lesen

Infinitiv (Grundform)
lesen

Präsens (Gegenwart)
sie liest

Präteritum (1. Vergangenheit)
sie las

Perfekt (2. Vergangenheit)
sie hat gelesen

Futur (Zukunft)
sie wird lesen

Adjektiv (Eigenschaftswort, Wiewort)
schön, groß, schnell

Pronomen (Fürwort)
er, sie, es, wir, ihr, sie

Adverb (Umstandswort)
morgen, heute, bald

Präposition (Verhältniswort)
über, auf, zwischen

Konjunkion (Bindewort)
und, oder, damit, weil

Satzglieder

Subjekt (Satzgegenstand)
Felix gibt Lara das Wörterbuch.

Prädikat (Satzaussage, Satzkern)
Felix gibt Lara das Wörterbuch.

Objekt (Satzergänzung)
Dativobjekt (Satzergänzung im 3. Fall)
Felix gibt Lara das Wörterbuch.

Akkusativobjekt (Satzergänzung im 4. Fall)
Felix gibt Lara das Wörterbuch.

Lösungen

Seite 9 Übung

Zu den Mitsprechwörtern gehören: Nase, turnen, Winter, klar, Hose

Seite 10/11 Übungen

2

Mitsprechwörter	Ableitwörter	Merkwörter
Ast	verabreden	Pilz
Minute	brannte	Diskette
Hose	dreckig	viel
	fliegen	groß
	Wälder	März
	erklären	Haare
	schreibt	
	blüht	

3 *Erklärung*

Bei den **Mitsprechwörtern** hörst du jeden Laut im Wort. Jedem Laut entspricht genau ein Buchstabe.

Die Schreibung der **Ableitwörter** lässt sich so erklären:

verabreden – Vorsilbe *ver-*

bra**nn**te – Grundform *bren-nen*

dreck**ig** – Nachsilbe *-ig*

W**ä**lder – Einzahl/Singular *Wald*

erkl**ä**ren – Wortfamilie *klar*

fl**ie**gen – lang gesprochenes *i* wird in der Regel *ie* geschrieben

schrei**b**t – Grundform *schreiben*

blü**h**t – Grundform *blü-hen* (hier hörst du das h)

Die **Merkwörter** haben eine Besonderheit, die du dir einprägen musst. Das sind vor allem Wörter mit v/V (**v**iel), doppeltem Vokal (H**aa**re), ß (gro**ß**), z (Pil**z**), ä ohne Ableitung (M**ä**rz) und besondere Wörter (**Diskette**).

Seite 12 Übung

Wenn ich so an mein Leben zurückdenke, fallen mir einige Dinge ein, die sehr spannend waren und bei denen ich beinahe mein Leben verloren hätte.
So geriet ich einmal beim Schwimmen mitten in einen riesigen Haifischschwarm. Die Tiere umkreisten mich munter, machten aber keine Anstalten, mich zu fressen. Ihre spitzen Zähne blitzten im Blau des Meeres. Furchtlos schwamm ich auf einen Hai zu und klammerte mich an ihm fest. Das Tier zog mich tatsächlich bis zur nächsten Insel, von wo aus ich mit dem Schiff zurückgelangte.

Seite 14 Übung

das Lan**d** (die Län**d**er), die Hau**t** (die Häu**t**e), der Wal**d** (die Wäl**d**er)
er lo**b**t (lo**b**en), sie hu**p**t (hu**p**en), er schrei**b**t (schrei**b**en)
mächti**g** (mächti**g**er), riesi**g** (riesi**g**er), flin**k** (flin**k**er)

Seite 15 Übung

Beispielwörter
Dehnungs-h: Floh, drohen, kehren, fahren, Ohr
verdoppelter Vokal: Meer, Moos, Beere, Boot, Aas
ie: liegen, siegen, fliegen, Gier, Stier

Seite 16/17 Übungen

1 sie trennt – er kämmt – er trifft – es brennt – sie nennt – sie kennt – er stemmt – sie misst – er sammelt – sie lässt – er isst

2 der Schwamm (Nomen) – Plural: die Schwämme
schnell (Adjektiv) – Steigerung: schneller

der Stoff (Nomen) – Plural: die Stoffe
fett (Adjektiv) – Steigerung: fetter
der Stock (Nomen) – Plural: die Stöcke
der Pass (Nomen) – Plural: die Pässe
glatt (Adjektiv) – Steigerung: glatter
der Kamm (Nomen) – Plural: die Kämme
der Kuss (Nomen) – Plural: die Küsse
der Stamm (Nomen) – Plural: die Stämme
toll (Adjektiv) – Steigerung: toller
der Schatz (Nomen) – Plural: die Schätze

Seite 18 Übungen

1 die Schätze – Plural zu der Schatz
er hält – Beugeform zu halten
lächeln – gehört zur Wortfamilie lachen
härter – Steigerungsform zu hart
sie läuft – Beugeform zu laufen
die Bäume – Plural von der Baum
kälter – Steigerung zu kalt
die Räder – Plural von das Rad
das Mäuschen – Verkleinerungsform von die Maus
sie kämmten – Beugeform zu kämmen
käuflich – gehört zur Wortfamilie kaufen

Seite 21 Übungen

1 bequem – fertig – kratzen – lecken – Lehrerin – lenken – leuchten – Liebe – Liste – nämlich – niemals – Puppenhaus – Vorfahrt

2 spannte – spannen
kroch – kriechen
Treppenhaus – Treppe + Haus
geschah – geschehen

größer – groß
Jüngling – Junge
Spitzbart – spitz + Bart
wechselseitig – Wechsel + Seite
misst – messen
getroffen – treffen
bienenfleißig – Biene + fleißig

Seite 22/23 Übungen

1 Markus schien ruhig, interessiert und aufmerksam zuzuhören.
Gehen wir ins Kino, ins Schwimmbad, zum Minigolfen oder zum Eisessen?
Er wollte kein Brot, kein Obst, kein Eis, keine Suppe und keine Pizza.
Jennifer bürstete, kämmte und föhnte den ganzen Vormittag ihre Haare.

2 Marie fuhr so schnell, dass sie mit großem Abstand ins Ziel kam.
Paul war sehr traurig, weil er den Hauptpreis nicht gewonnen hatte.
Es war draußen eisig kalt, obwohl die Sonne schien.
Es ist seltsam, dass manche Menschen mit dem Auto zum Bäcker um die Ecke fahren.
Ich lese viel, weil ich dadurch Neues erfahre.
Es ist war sensationell, wie der Torwart den Ball aus dem Eck holte.

Seite 24 Übung

„Das war eine ganz schön schwere Probe", stöhnt Tim.
„Ja, finde ich auch", antwortet Tiffany, „vor allem die Aufgabe mit den Redezeichen hatte es in sich."
„Manchmal war mir gar nicht klar, was ich machen sollte", meint Tim.

Und Tiffany ergänzt: „Außerdem war die Zeit viel zu kurz. Als Herr Meinrad sagte, die Zeit sei bald um, war ich gerade bei der Hälfte!"
„Auf jeden Fall", vermutet Tim, „bekomme ich deswegen wieder Ärger daheim."
„So ein Mist!", ruft Tiffany. „Das verdirbt mir das ganze Wochenende."
„Soll ich dich morgen abholen?", fragt Tim, bevor sie sich trennen.

Seite 25–27 Test

1 Am Wochenende fahren Kevin und sein Freund Mark gerne zum Hafen. Dort gibt es viel zu entdecken. Sie beobachten die vielen Schiffe, die aus fernen Ländern ankommen. Die beiden Freunde stellen sich oft vor, wie es wäre, wenn sie selbst auf einem Schiff mitfahren könnten. Sie wären wochenlang unterwegs und müssten auch Stürme überstehen. Sicher bekämen sie auch bald Heimweh. Bei diesem Gedanken wird ihnen ganz mulmig. Lieber schauen sie sich die Schiffe im Hafen an.

2 der Dieb, er hupt, sie bleibt
die Hand, das Pferd, der Rat
der Zwerg, mutig, das Bauwerk

3 leben, lachen, springen, sehen, Hose

4 das Moor, das Beet, das Reh, die Bahn, die Biene, tief, leer, sehr, ihm

5 die Hecke, die Krankheit, die Decke, die Nelke, danke
die Katze, trotz, kurz, die Würze, die Tatze

6 die Zäune (der Zaun), das Heu, die Katzenstreu,
die Bäume (der Baum), die Räume (der Raum)
die Kästen (der Kasten), länger (lang), eng, die Kälte (kalt), streng

7 Kalender, Kamel, Kissen, Kiste, krumm, schon, Schrank, Schwamm, schwierig, Sonntag

8 Die Lieblingsfächer von Nils sind Sachkunde, Sport und Deutsch.
Kaninchen fressen gerne frisches Heu, Karotten, Äpfel, Petersilie und Zweige.
Max kommt heute zu spät, weil er den Bus verpasst hat.
Lisa möchte gerne draußen spielen, obwohl es regnet.

9 Daniel möchte gerne Fußball spielen und fragt seinen Freund: „Hast du Lust, Fußball zu spielen?“ „Ja, klar“, antwortet sein Freund Jan. „Wir brauchen aber noch zwei Mitspieler, zu zweit ist es langweilig.“ Jan ergänzt: „Lass uns doch Maria und Stefanie fragen.“ „Na gut, dann frag du sie aber“, erwidert Daniel. Maria und Stefanie hatten große Lust, mitzuspielen. Die vier hatten viel Spaß miteinander.

Seite 33/34 Übungen

1 Nomen sind: Flüssigkeit, Lampe, See, Stück, Pilz, Tränen, Stiel.

2 <u>Der Hamster</u> nagt an einem Apfel.
Der Käfig <u>des Hamsters</u> muss gereinigt werden.
Ich gebe <u>dem Hamster</u> frisches Wasser.
Ich nehme <u>den Hamster</u> aus dem Käfig heraus.

3 1. Fall: Wer oder was? der Hamster
2. Fall: Wessen? des Hamsters
3. Fall: Wem? dem Hamster
4. Fall: Wen oder was? den Hamster

4 *Beispielsätze:* Der Hund ist groß. Die Pfote des Hundes ist verletzt. Ich spiele mit dem Hund. Ich führe den Hund an der Leine spazieren.

5

Grundform	Gegen-wart	1. Vergan-genheit	2. Vergan-genheit	Zukunft
trinken	ich trinke	ich trank	ich habe getrunken	ich werde trinken
rennen	er rennt	er rannte	er ist gerannt	er wird rennen
sprechen	sie spricht	sie sprach	sie hat gesprochen	sie wird sprechen
holen	du holst	du holtest	du hast geholt	du wirst holen
brauchen	ihr braucht	ihr brauchtet	ihr habt gebraucht	ihr werdet brauchen
kommen	es kommt	es kam	es ist gekommen	es wird kommen
bringen	wir bringen	wir brachten	wir haben gebracht	wir werden bringen

6 *Beispiele*

Grundstufe	1. Vergleichsstufe	2. Vergleichsstufe
schön	schöner	am schönsten
groß	größer	am größten
klein	kleiner	am kleinsten
weit	weiter	am weitesten
hoch	höher	am höchsten
schnell	schneller	am schnellsten
langsam	langsamer	am langsamsten
langweilig	langweiliger	am langweiligsten
spannend	spannender	am spannendsten
rutschig	rutschiger	am rutschigsten

7 *Beispiele für unveränderbare Wörter:* etwa, heute, morgen, oben, innen, außen, immer, selten, und, oder

Seite 36 Übung

Beispiele: Regenschauer, knochentrocken, Braunbär, nasskalt, Stehpult

Seite 38 Übung

Wir waren alle sehr froh./!
Wie heißen die Teiler von 45?
Wie wunderbar!
Warum kommst du nicht mit?
Ich habe Hunger./!
Hör sofort auf damit!
Das kann doch nicht wahr sein!
Spielst du mit mir Memory?
Ich fahre immer mit Helm Fahrrad.
Es war einmal ein kleines Mädchen.
Der Hase trifft den Igel am Ackerrand.

Seite 40/41 Übungen

1 Nur selten komme ich in die Stadt. Der Weg dorthin ist mir einfach zu weit. Eine Busverbindung gibt es ja leider nicht. Und die Züge fahren nur einmal am Tag. Schon die lange Fahrt im Auto regt mich auf. Meist habe ich dann gleich schlechte Laune. Langsam schlendere ich durch die Fußgängerzone. An manchen Schaufenstern bleibe ich stehen und betrachte die vielen teuren Dinge. Aber ich kaufe nur selten etwas ein.

2 (Subjekt Prädikat Objekt 3. Fall **Objekt 4. Fall**)
Marisa schenkt ihrer Mutter **schöne Blumen.**
Ihrer Mutter schenkt Marisa **schöne Blumen.**
Schöne Blumen schenkt Marisa ihrer Mutter.
Schenkt Marisa ihrer Mutter **schöne Blumen?**

Sie leiht **ihr Lieblingsbuch** ihrer besten Freundin.
Ihrer besten Freundin leiht sie **ihr Lieblingsbuch.**
Ihr Lieblingsbuch leiht sie ihrer besten Freundin.
Leiht sie **ihr Lieblingsbuch** ihrer besten Freundin?

Der Spieler übergibt dem Mannschaftskapitän **den Pokal.**
Den Pokal übergibt der Spieler dem Mannschaftskapitän.
Dem Mannschaftskapitän übergibt der Spieler **den Pokal.**
Übergibt der Spieler **den Pokal** dem Mannschaftskapitän?

3 Das Mädchen fuhr.
Die Familie geht spazieren.

Seite 42–44 Test

1 **Nomen**: Jenny, Kalender, Termine, Woche, Montag, Oma, Dienstag, Theateraufführung, Schule, Murat, Mareike, Donnerstag, Freitag, Damenfußballmannschaft
Verb: hat verloren, erinnert sich, hat, besuche, findet statt, kommen, spiele
Adjektiv: roten, neue

2 Der Baum ist sehr groß. (1. Fall, Nominativ)
Die Blätter des Baumes werden braun. (2. Fall, Genitiv)
Die Feuerwehr schneidet dem Baum alte Äste ab. (3. Fall, Dativ)
Die Katze klettert auf den Baum. (4. Fall, Akkusativ)

3 Lara lief die schnellste Zeit. (1. Vergangenheit)
Morgen wird es regnen. (Zukunft)
Anna hat ihren Terminkalender bekleckert. (2. Vergangenheit)
Ich lese ein spannendes Buch. (Gegenwart)

4 Baron Münchhausen las den Kindern Lügengeschichten vor. (1. Vergangenheit)
Baron Münchhausen hat den Kindern Lügengeschichten vorgelesen. (2. Vergangenheit)

Baron Münchhausen wird den Kindern Lügengeschichten vorlesen. (Zukunft)

5 jung – jünger – am jüngsten, alt – älter – am ältesten, gut – besser – am besten, schön – schöner – am schönsten, kurz – kürzer – am kürzesten, hoch – höher – am höchsten

6 pfeilschnell (Nomen + Adjektiv = Adjektiv),
Reisetasche (Verb + Nomen = Nomen),
Schwimmanzug (Verb + Nomen = Nomen),
himmelblau (Nomen + Adjektiv = Adjektiv),
Autobahn (Nomen + Nomen = Nomen),
Spielplatz (Verb + Nomen = Nomen),
bärenstark (Nomen + Adjektiv = Adjektiv)

7 fahren, Fahrzeug, Fahrrad, losfahren, hinfahren
spielen, Spielplatz, Spielzeug, abspielen, Spieler
fliegen, davonfliegen, Fliege, Flieger, losfliegen

8 zulaufen, hinlaufen, abspringen, abreisen, abbrechen, hinfallen, zusehen, hinsehen

9 Kommst du mit ins Kino?
Heute haben wir viel Hausaufgaben bekommen.
Mach den Hamsterkäfig sauber!
Leihst du mir das Buch?
Morgen fahren wir in den Urlaub.
Lass mich in Ruhe!
Spielst du mit?
Vielleicht mache ich morgen einen Ausflug.

10 Jonas liest sein neues Buch.

11 Auf die Ferien freut sich Svenja.
Freut sich Svenja auf die Ferien?

12 Seinem Freund erklärt Ole die Matheaufgabe.

Seite 46 Übung

Zum Erzählen gehören a) und c), zum Informieren gehören b), d) und e).

Seite 49 Test

1 **Erzählen**: vom Wochenende berichten, sich mit Freunden auf dem Schulhof unterhalten, einen Witz erzählen, Erlebnisse schildern

Informieren: einen Versuch beschreiben, einen Vortrag halten

2 1. Ich sammle zuerst Informationen.

2. Ich unterscheide, was für meinen Vortrag wichtig ist und was nicht.

3. Ich ordne die gesammelten Informationen.

4. Ich erstelle eine Gliederung.

5. Ich übe den Vortrag.

Seite 51/52 Übungen

2 *Beispiel für neue Vorgaben:*

1. Zeit: Gegenwart
2. Ort: Schullandheim
3. Etwas Unerwartetes geschieht: ein Schüler verschwindet
4. Folgen: große Aufregung
5. Ergebnis: Suchaktion wird durchgeführt
6. Ende: Schüler wird gefunden
7. Überschrift: Eine Klasse in Angst

Seite 52 Übung

Beispiel für eine Heldenreise:

Jeden Tag pflanzte Nicole Bäume, schnitt Sträucher zu oder harkte Unkraut. Sie war gerne Gärtnerin, denn sie liebte die frische Luft und die Natur. An einem sonnigen Oktobertag, als sie gerade Stiefmütterchen in ein Beet setzte, landete eine schwarze Krähe auf ihrer Schulter und krächzte: „Nicole, die alte Eiche im Schlosspark braucht dein Hilfe!“ Die Krähe flog hoch in die Luft und verschwand. Nicole war zuerst sprachlos, dann sprach sie zu sich: „Die alte Eiche? Die kenn ich doch. Nichts wie hin!“ Mit einem Blick sah Nicole, was los war –

viele kleine Raupen krochen den Stamm der Eiche hinauf. „Das tut der Eiche gar nicht gut“, murmelte Nicole. Sie holte einen Sack, entfernte behutsam die Raupen und brachte sie zu einem Strauch, dem die Tiere nichts anhaben konnten. „So, liebe Eiche, das ist geschafft.“ Die Eiche beugte sich zu Nicole herab und tönte mit tiefer Stimme: „Ich danke dir! Zur Belohnung verleihe ich dir eine Gabe, die sonst kein Mensch hat.“ Welche Gabe das war, merkte Nicole am nächsten Tag, als sie Grünanlagen pflegte. Kaum hatte sie eine Pflanze berührt, blühte diese auf, wurde kräftig und gesund. Die Stadt, in der Nicole arbeitete, war bald berühmt für ihre wunderschönen Gärten und Parks. Und Nicole natürlich auch.

Seite 54/55 Übungen

1 *Beispiel für andere Wörter aus dem Wortfeld „sagen“:*
„Das darf doch nicht wahr sein“, **stammelte** Marisa und wischte sich die Tränen aus dem Gesicht. „Ich verstehe auch nicht, wie das passieren konnte“, **brummte** Verena mit vor Ärger rotem Kopf. „Da haben wir schon so klar geführt und doch verloren!“, **schimpfte** Marisa wieder. „Das glaubt uns kein Mensch, wenn wir das erzählen“, **murmelte** Franziska leise. „Was nützt es mir, dass ich drei Tore geschossen habe, wenn die andere Mannschaft in den letzten zehn Minuten vier Tore schießt?“, **fragte** Jana mit hochgezogenen Augenbrauen.

2 *Beispiel für etwas veränderten Satzaufbau:*
„Das darf doch nicht wahr sein“, stammelte Marisa und wischte sich die Tränen aus dem Gesicht. Mit vor Ärger rotem Kopf brummte Verena: „Ich verstehe auch nicht, wie das passieren konnte.“ „Da haben wir schon so klar geführt und doch verloren!“, schimpfte Marisa wieder. Franziska murmelte leise: „Das glaubt uns kein Mensch, wenn wir das erzählen.“ „Was nützt es mir, dass ich drei Tore geschossen habe, wenn

die andere Mannschaft in den letzten zehn Minuten vier Tore schießt?", fragte Jana mit hochgezogenen Augenbrauen.

Seite 56/57 Übungen

3 *Beispiellösung:*

Reingefallen!

Dieses Jahr hatte ich mir vorgenommen, meinen Vater am ersten April so richtig reinzulegen. Heimlich stand ich in der Nacht auf und stellte alle Uhren um eine Stunde zurück. Nur den Wecker meines Vaters nicht, der sollte wie jeden Tag um sieben Uhr läuten. Danach legte ich mich ins Bett und schlief, bis mich mein Vater weckte. Wie immer kam er pünktlich um 7 Uhr in mein Zimmer, um mich zu wecken. Nun ging es los! Ich tat ganz schläfrig, öffnete langsam die Augen und murmelte: „Papa, was ist denn los, es ist doch noch zu früh!" „Von wegen", antwortete mein Vater, „jeden Tag das Gleiche. Raus mit dir!" „Aber Papa, es ist doch erst 6 Uhr. Schau doch!" Verblüfft schaute mein Vater auf meine Uhr, 6 Uhr! Er rannte in die Küche, 6 Uhr! „Das gibt es doch nicht!", hörte ich ihn mit gedämpfter Stimme sagen. Er lief ins Wohnzimmer, 6 Uhr! Ich saß inzwischen auf der Bettkante und hielt mir vor Lachen den Bauch. Als er atemlos zu mir zurückkam, empfing ich ihn mit einem lauten „April, April!". Mein Vater schlug sich mit der flachen Hand gegen die Stirn. „Ach herrje! Da hast du mich ja ganz schön hereingelegt!" Nun musste auch er lauthals lachen.

Beispiellösung:

Mensch-ärgere-dich-nicht

Ziel des Spiels ist es, alle vier Spielfiguren in das Haus zu bringen. Wer das als Erster schafft, hat gewonnen. Es wird abwechselnd gewürfelt. Würfelt man eine Sechs, darf man eine Spielfigur auf die Reise schicken und noch einmal würfeln.

Gezogen wird entsprechend der gewürfelten Augenzahl. Kommt man mit einem Wurf auf ein Feld, auf dem bereits eine andere Figur steht, wird diese auf das Startfeld zurückgestellt werden und muss von vorne anfangen. Im Haus darf nicht übersprungen werden. Man muss also so lange würfeln, bis die Augenzahl genau passt.

Seite 58 Test

1 Ideen sammeln und ordnen, Informationen zu dem Thema besorgen, Wörtersammlung anlegen

2 1. Wann spielt die Geschichte.
2. Wo spielt die Geschichte?
3. Was geschah nacheinander?
4. Wie endet die Geschichte?
5. Eine Überschrift finden
(Die Reihenfolge von 1. und 2. kann auch getauscht werden.)

3 *Beispiellösung:* brummeln, meinen, ergänzen, plaudern, schwatzen, erzählen, stottern, kreischen, reden, flüstern

4 *Beispiellösung:*
Ist mein Text verständlich?
Ist mein Text in Abschnitte gegliedert?
Verwende ich abwechslungsreiche Wörter?
Sind meine Sätze immer gleich aufgebaut?
Passt meine Überschrift zum Text?

Seite 63–65 Übungen

1 *Beispiel für eine Texterschließung:*

Delfine

Delfine gehören zu den intelligentesten Tieren, die es gibt. Ihr Gehirn ist außergewöhnlich gut entwickelt. Es lässt sich durchaus mit dem menschlichen Gehirn vergleichen. Schon 1966

Notizen
Intelligente Tiere (Oberbegriff)

wurde Hochseefischern deshalb das Fangen von Delfinen verboten. Delfine verhalten sich aber nicht nur besonders intelligent, sie besitzen sogar hervorragende Eigenschaften, wie Verantwortungsbewusstsein und Gemeinschaftssinn.

Was sind Hochseefischer?

Fischer und Seefahrer berichten, sie hätten Delfine gesehen, die verwundete Artgenossen retteten. Aber Wissenschaftler hielten diese Erzählungen für Seemannsgarn, obwohl schon die alten Griechen davon berichteten. Sorgfältige Beobachtungen in großen Seewasseraquarien und von Forschungsschiffen aus haben ergeben, dass Delfine zu zweit tatsächlich einen verletzten Artgenossen an die Wasseroberfläche bringen, damit er atmen kann. Delfine sind ja keine Fische, sie atmen also durch Lungen. Delfine helfen nicht nur Artgenossen, sie haben auch schon verunglückte Taucher an die Meeresoberfläche zurückgebracht.

Delfine helfen (Oberbegriff)

Delfine sind keine Fische (Oberbegriff)

Im Delfinarium lernen die Tiere mühelos und vollführen allerlei Kunststücke. Sie springen über Stangen und durch Reifen, werfen Bälle zu den Zuschauern und bringen Gegenstände vom Beckenboden herauf. Nach jeder Vorführung werden sie mit Fischen belohnt. Erstaunlicherweise können die Tiere in einer Gruppe ihr

Was ist ein Delfinarium?

Delfine lernen schnell Kunststücke

Verhalten so gut aufeinander abstimmen, dass sie zahlreiche Übungen genau gleichzeitig durchführen.

2 1. Die alten Griechen erzählten zuerst davon, dass Delfine Verwundete retten.
2. eine unglaubliche Geschichte
3. Weil sie so intelligent sind.
4. Nein, weil sie durch Lungen atmen.
5. Sie lernen leicht Kunststücke.
6. Weil ihr Gehirn außergewöhnlich gut entwickelt ist.
Weil sie schnell lernen.
7. *Beispielantwort:* Ich finde es gut, weil man Delfine und ihre Kunststücke dort hautnah erleben kann./Ich finde es nicht gut, weil Delfine dort in Gefangenschaft leben müssen.

Seite 66 Test

1 *Beispiellösung:*
anhand von Überschriften orientieren
den Text überfliegen (Worum geht es?)
wichtige Begriffe (Schlüsselwörter) markieren
Text in Abschnitte gliedern
Fragen oder Notizen an den Rand schreiben

2 – Wo leben Eisbären? Sie leben in der Arktis.
– Warum frieren sie nicht? Sie schützt ein dickes Fell. Die Fellhaare, die innen hohl sind, schützen sie vor Kälte.
– Was fressen Eisbären? Meistens Robben, aber auch Vögel.
– Durch welche Gefahr sind sie bedroht? Der Klimawandel, der das arktische Eis schmelzen lässt, schränkt ihren Lebensraum ein.

Mathematik

3./4. Klasse

Inhaltsverzeichnis

Rechnen

1 Zahlenraum bis 1 000 90
2 Zahlenraum bis 1 000 000 95
3 Die Grundrechenarten, Rechenregeln 97
4 Rechenstrategien 99
5 Kopfrechnen 101
6 Halbschriftliches Rechnen – gestütztes Kopfrechnen . . 102
7 Muster entdecken 106
8 Schriftliche Addition 107
9 Schriftliche Subtraktion (Ergänzungsverfahren) 108
10 Schriftliche Subtraktion (Abziehverfahren) 110
11 Schriftliche Multiplikation 113
12 Schriftliche Division 116
13 Lösungen kontrollieren 120
14 **Zum Nachschlagen:** Fachbegriffe zum Rechnen 121
Test 122

Sachaufgaben

1 So wirst du zum Sachaufgabenprofi 123
2 Mehrere Rechenschritte 124
3 Mehrere Lösungen – keine Lösung 125
4 Passende Fragen stellen 126
5 Überschlagen 126
6 Knobelaufgaben 128
7 Diagramme und Schaubilder 129
8 Tabellen 130

9 Daten erfassen und bearbeiten ... 132
Test ... 134

Geometrie

1 Fachbegriffe und geometrisches Zeichnen ... 135
2 Geometrische Muster ... 137
3 Ebene Grundformen ... 138
4 Umfang und Flächeninhalt ... 139
5 Körper ... 140
6 Maßstab ... 142
7 Geometrie und Arithmetik ... 144
8 Symmetrie ... 146
Test ... 147

Größen

1 Zum Nachschlagen: Größen im Überblick ... 148
2 Messen ... 150
3 Größen schätzen ... 150
4 Rechnen mit Zeit ... 151
5 Rechnen mit Geld ... 152
6 Rechnen mit Längen ... 153
7 Rechnen mit Gewichten ... 154
8 Rechnen mit Hohlmaßen ... 155
Test ... 156

Lösungen ... 157

Stichwortverzeichnis ... 220

Rechnen

1 Zahlenraum bis 1 000

ELTERN TIPP
Es geht um die natürlichen Zahlen einschließlich der 0: 0, 1, 2, 3, 4, … 1000. Dezimalzahlen und Brüche werden nicht behandelt.

Stufenzahlen und Stellenwerte

Wichtig sind die **Stufenzahlen** 10, 100, 1 000.

1 000 =	1 000	**Einer**	$(1000 \cdot 1)$
1 000 =	100	**Zehner**	$(100 \cdot 10)$
1 000 =	10	**Hunderter**	$(10 \cdot 100)$
1 000 =	1	**Tausender**	$(1 \cdot 1000)$

- Man kürzt ab:

E (Einer); Z (Zehner); H (Hunderter); T (Tausender).

- Immer 10 werden zur nächstgrößeren Einheit zusammengefasst: 10 E = 1 Z, 10 Z = 1 H, 10 H = 1 T.

Beispiel: 364 sind 3 H und 6 Z und 4 E.

3 H 6 Z 4 E

Darstellung in einer **Stellenwerttafel**:

H	Z	E
3	6	4

Übung

■ Welche Zahlen sind das? Trage zuerst in eine Stellenwerttafel ein.

a) 4E 8H 3Z b) 2H 3Z 5E c) 6Z 6E 2H

In einer Stellenwerttafel können Zahlen mit Steinchen oder Papp-Plättchen gelegt werden.

T	H	Z	E
	●●●●● ●●	●●	●●●●

Die dargestellte Zahl ist 724.

Übungen

1 Du darfst ein Plättchen dazulegen. Welche Zahlen kannst du legen? Schreibe dazu jeweils auch die passende Rechnung.

Beispiel:

T	H	Z	E
	●●●●● ●●	●●●	●●●●

Die neue Zahl heißt 734. Die passende Rechnung

724 + 10 = 734

2 Welche Zahlen erreichst du, wenn du stattdessen ein Plättchen verschiebst?

Hundertertafeln bis 1000

1	2	3	4	5	6	7	8	9	10
11	12	13	14	15	16	17	18	19	20
21	22	23	24	25	26	27	28	29	30
31	32	33	34	35	36	37	38	39	40
41	42	43	44	45	46	47	48	49	50
51	52	53	54	55	56	57	58	59	60
61	62	63	64	65	66	67	68	69	70
71	72	73	74	75	76	77	78	79	80
81	82	83	84	85	86	87	88	89	90
91	92	93	94	95	96	97	98	99	100

101	102	103	104	105	106	107	108	109	110
111			114						120
121		123						129	130
131							138		140
141	142	143		145	146				150
151			154		156	157	158	159	160
161					166	167	168		170
171							178		180
181	182					187	188	189	190
191			194				198	199	200

Du kennst diese Darstellung des ersten Hunderters. Bis 1 000 wiederholt sich diese Darstellung zehnmal: von 1 bis 100, dann von 101 bis 200, dann von 201 bis 300, ...

Übung

Hundertertafeln.

a) Welche Zahlen stehen immer in der rechten Spalte? Was fällt dir auf?

b) Beschreibe die Zahlen links daneben.

c) Betrachte die diagonale (schräge) Linie. Wie verändern sich hier die Zahlen?

d) Stimmt das? Die Summe zweier nebeneinanderstehenden Zahlen ist immer eine ungerade Zahl.

e) Die Summe zweier nebeneinanderstehenden Zahlen ist 79. Welche Zahlen sind es?

Zählen

Zählen solltest du **vorwärts** und **rückwärts** können, ganz flüssig und ohne die Finger. Achte gut auf die Übergänge über die Hunderter.

Übung

Zähle laut

a) von 691 bis 710 und rückwärts von 304 bis 291,

b) in 10er-Schritten von 880 bis 1 010,

c) Zähle auch in 100er-, in 50er- und in 25er-Schritten.

Zahlen vergleichen und ordnen

Beispiel:

Ordne von klein nach groß: 527, 275, 572.

275 < 527 < 572

▶ **BEACHTE** Vergleiche zuerst die Ziffern der größten Stelle (die Hunderter), danach die Zehner, dann die Einer.

TIPP Sprich die Zahlen zuerst laut.

Übungen

1 Ordne von klein nach groß: 716, 671, 761.

2 Setze ein: > oder < ?

571 □ 517; 113 □ 331; 564 □ 645

Zahlbeziehungen

Diese Art von Übungen kennst du aus der 2. Klasse.

Übungen

1 Berechne immer das Doppelte und die Hälfte der Zahl.

a) 40; 50; 90 b) 200; 500; 700

2 Berechne immer das 10fache und das 100fache.

a) 2; 9; 72; 46 b) 846; 287; 560

Runden

Es kommt darauf an, auf welchen Stellenwert gerundet werden soll.

Beispiele:

935 auf **Zehner** gerundet: 935 ≈ 940.

935 auf **Hunderter** gerundet: 935 ≈ 900.

MERKE

- Bei 1, 2, 3 oder 4 wird abgerundet.
- Bei 5, 6, 7, 8 oder 9 wird aufgerundet.
- ≈ bedeutet „… ist rund …"

Beispiele:

a) auf Zehner runden:

287 ≈ 290

972 ≈ 970

555 ≈ 560

b) auf Hunderter runden:

631 ≈ 600

374 ≈ 400

555 ≈ 600

2 Zahlenraum bis 1 000 000

ELTERN TIPP: Es geht um die natürlichen Zahlen von 0 bis 1 000 000: 0, 1, 2, 3, ..., 1 000 000. Dezimalzahlen und Brüche werden in der Grundschule nicht behandelt.

Stellenwertsystem

Die Gliederung des Stellenwertsystems erkennst du beim Sprechen großer Zahlen.

Beispiel: 1 134 512

gesprochen: „1 **Million** 134**tausend** 512."

Die Wörter **Million** und **Tausend** gliedern die Zahl.

Zeichne dir eine Stellentafel für Zahlen bis 1 Million. Mach die Striche zwischen H und T und zwischen HT und M etwas dicker oder farbig.

M	HT	ZT	T	H	Z	E

Übungen

1 **Lege mit Plättchen Zahlen in die Stellentafel, sprich sie und schreibe sie auf.**

2 **Lass dir große Zahlen diktieren und trage sie in die Stellentafel ein.**

3 **Welche Zahlen kannst du mit 2 Plättchen legen? Schreibe sie auf.**

Stufenzahlen

1 000 000 =	1 000 000	E	(Einer)	(1 000 000 · 1)
1 000 000 =	100 000	Z	(Zehner)	(100 000 · 10)
1 000 000 =	10 000	H	(Hunderter)	(10 000 · 100)
1 000 000 =	1 000	T	(Tausender)	(1 000 · 1 000)
1 000 000 =	100	ZT	(Zehntausender)	(100 · 10 000)
1 000 000 =	10	HT	(Hunderttausender)	(10 · 100 000)
1 000 000 =	1	M	(Million)	(1 · 1 000 000)

Zählen (→ S. 93)

Das Zählen (vorwärts und rückwärts) musst du sicher beherrschen.

Übungen

1 Zähle von 2000 aufwärts

a) in 1 000er-Schritten, b) in 10 000er-Schritten, c) in 100 000er-Schritten.

2 Zähle von 112 010 abwärts in Einer-Schritten.

Zahlen vergleichen und ordnen (→ S. 93)

Vergleiche die Zahlen mit Hilfe der Zeichen <, = , >.

Übung

Ordne die Zahlen von groß nach klein.

770 077; 7 017; 770 171; 70 707; 17 777; 707 770; 71 777

3 Die Grundrechenarten, Rechenregeln

Du kennst: Addition (+), Subtraktion (–),
Multiplikation (·), Division (:).

■ So hängen die Rechenarten zusammen:

Die Subtraktion ist die **Umkehrung** der Addition.

231 + 148 = 379 → Umkehraufgabe 379 – 148 = 231

Die Division ist die **Umkehrung** der Multiplikation.

7 · 8 = 56 → Umkehraufgabe 56 : 8 = 7

■ Auch andersrum gilt:

Die Addition ist die Umkehrung der Subtraktion, die Multiplikation ist die Umkehrung der Division.

Multiplizieren ist eine **Verkürzung** der Addition:

3 + 3 + 3 + 3 + 3 = 15 → Malaufgabe 5 · 3 =15

▶ **BEACHTE** den Unterschied:

Bei Umkehraufgaben wechselt das Rechenzeichen.
Bei Tauschaufgaben tauschen nur Zahlen den Platz!

Beispiel:

72 : 9 = 8 → Tauschaufgabe: 72 : 8 = 9
72 : 9 = 8 → Umkehraufgabe: 9 · 8 = 72

■ Übungsform Punktefelder:

Suche alle vier Aufgaben zu den Punktefeldern.

5 · 4 = 20
4 · 5 = 20
20 : 5 = 4
20 : 4 = 5

Rechenregeln

■ Klammern zuerst.

Was in Klammern steht, wird zuerst berechnet.

Beispiel: $77 - (9 + 3) = 77 - 12 = 65$

■ Punkt vor Strich.

Bei verschiedenen Rechenarten in einer Aufgabe muss man zuerst multiplizieren oder dividieren.

Beispiel: $28 + 5 \cdot 4 = 28 + 20 = 48$

Übungen

1 Berechne die Zahlenmauer. Immer die beiden unteren Steine ergeben addiert den darüberliegenden.

	___	
100		214
77	___	___

2 Punktefeld.

a) Male ein Punktefeld zu der Aufgabe $3 \cdot 6$.

b) Finde die übrigen 3 Aufgaben zu dem Punktefeld.

3 Berechne. Was fällt dir auf?

a) $50 - 26 - 9$
$50 - (26 - 9)$

b) $(66 - 30) : 6$
$66 - 30 : 6$

c) $7 + 8 + 9$
$7 + (8 + 9)$

d) $25 + 5 \cdot 9 - 3$
$(25 + 5) \cdot (9 - 3)$

4 Rechenstrategien

■ Das solltest du schnell und sicher im Kopf können:

- Einspluseins: alle Aufgaben im Zahlenraum bis 20,
- Zahlzerlegungen bis 10 (z. B. 10 = 6 + 4),
- aufsagen der Einmaleins-Reihen,
- die Einmaleins-Aufgaben mit 2 · □ ; 5 · □ ; 10 · □ und die Quadrataufgaben 1 · 1; 2 · 2; 3 · 3, … 10 · 10.
- Umkehraufgaben, Tauschaufgaben und Platzhalteraufgaben,
- verdoppeln und halbieren von Zahlen.
- zum Tausender ergänzen.

■ Mit Hilfsaufgaben rechnen:

Beispiele:

a) 3 + 4 = 7
30 + 40 = 70
300 + 400 = 700

b) 3 · 3 = 9
30 · 3 = 90
300 · 3 = 900

c) 4 · 6 = 24
40 · 6 = 240
4 · 60 = 240

d) 42 : 6 = 7
420 : 6 = 70
420 : 60 = 7

Übungen

1 Was fällt dir bei den Beispielen auf? Welche Ähnlichkeiten entdeckst du? Was ist verschieden?

2 Löse immer zuerst eine passende Hilfsaufgabe.
a) 530 + 200 b) 360 – 90 c) 70 · 3 d) 640 : 8

Geschicktes Rechnen

■ Bei Addition und Multiplikation darf man die Zahlen vertauschen.

Beispiele:

a) $5 \cdot 40 = 200$ oder $40 \cdot 5 = 200$

b) $250 + 130 = 380$ oder $130 + 250 = 380$

TIPP Beim Addieren ist es oft leichter, die kleinere Zahl zur größeren zu addieren. Probiere selbst!

■ Faktoren beim Multiplizieren zerlegen:

Beispiel: $4 \cdot 16 = ?$

$4 \cdot 16 = 4 \cdot (10 + 6) = 4 \cdot 10 + 4 \cdot 6$ oder: $4 \cdot 16 = 4 \cdot (8 + 8) = 4 \cdot 8 + 4 \cdot 8$

■ Beim Multiplizieren bleibt das Ergebnis gleich, wenn du beide Zahlen **gegen**sinnig um den gleichen Stellenwert veränderst:

$30 \cdot 4\,000 = 120\,000$ Vordere Zahl geteilt durch 10, hintere Zahl mal 10.

$3 \cdot 40\,000 = 120\,000$ → Ergebnis bleibt gleich.

■ Beim Dividieren bleibt das Ergebnis gleich, wenn du beide Zahlen **gleich**sinnig um den gleichen Stellenwert veränderst:

$40\,000 : 400 = 100$ Beide Zahlen geteilt

$4\,000 : 40 = 100$ durch 10.

$400 : 4 = 100$ → Ergebnis bleibt gleich.

5 Kopfrechnen

Oft kannst du Ähnlichkeiten bei Zahlen finden und nutzen (→ Mit Hilfsaufgaben rechnen, S. 99).

Beispiele:

a) Addition

12 000 + 12 000 = 24 000, denn
12 T + 12 T = 24 T

b) Subtraktion

99 000 – 66 000 = 33 000, denn
99 T – 66 T = 33 T

c) Multiplikation

800 · 40 = ?	Berechne die Aufgabe zuerst ohne die End-Nullen.
8 · 4 = 32	
800 · 40 = 32 000	Nun füge alle End-Nullen hinten an.

d) Division

24 000 : 8 = 3 000, denn
24 T : 8 = 3 T

e) Ergänzen zum Tausender – ergänzen zur Million

550 000 + ? = 1 000 000
550 T + 450 T = 1 000 T
550 000 + 450 000 = 1 000 000

Übung

Löse im Kopf.

a) 16 000 + 8 000; 90 000 – 21 000; 7 000 + 30 000
b) 8 000 · 5; 8 000 · 50; 36 000 : 6

6 Halbschriftliches Rechnen – gestütztes Kopfrechnen

ELTERN TIPP Das halbschriftliche Rechnen hilft, schwierige Aufgaben in Teilschritte zu zerlegen und sich die Zwischenergebnisse zu merken. Anders als bei den schriftlichen Rechenverfahren, gibt es hier keine verbindliche Notation und keine verbindlichen Rechenschritte. Das Kind entscheidet selbst, was ihm nützt.

TIPP Probiere verschiedene Rechenstrategien aus. Frage dich: Welche hilft mir am besten?

Addition

„Stellenwerte extra":

587 + 234 =

500 + 200 = 700
80 + 30 = 110
7 + 4 = 11

587 + 234 = 821

„Schrittweise":

587 + 234 =

587 + 200 = 787
787 + 30 = 817
817 + 4 = 821

Subtraktion

„Schrittweise": 821 – 587 =

821 – 500 = 321
321 – 80 = 241
241 – 7 = 234

Der Rechenstrich passt zur Rechnung „Schrittweise".

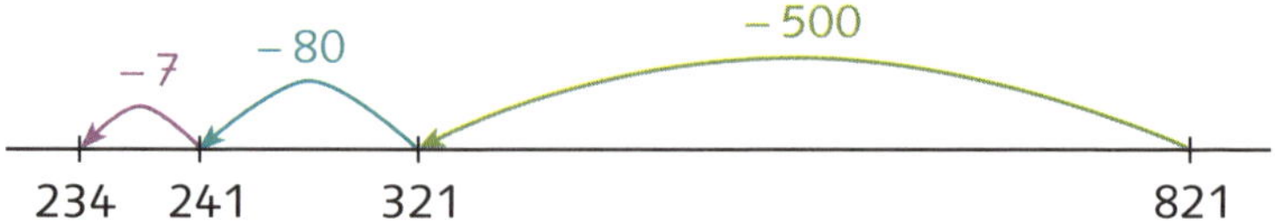

FEHLERQUELLE Die Strategie „Stellenwerte extra“ kann bei der Subtraktion zu Fehlern führen.

Beispiel: 821 – 587 =

800	–	500	=	300
20	–	80	=	**– 60**
1	–	7	=	**– 6**

Multiplikation

16 · 12 =

10	·	10	=	100
10	·	2	=	20
6	·	10	=	60
6	·	2	=	12

16 · 12 = 192

Man multipliziert jeden Stellenwert der einen Zahl mit jedem Stellenwert der anderen Zahl. Denke an alle Teilaufgaben!

FEHLERQUELLE Vergiss keine der Teilaufgaben! Das **Malkreuz** hilft, an alle Teilaufgaben zu denken:

Beispiel Malkreuz:

745 · 16 =

·	10	6	
700	7 000	4 200	
40	400	240	
5	50	30	
	7 450	4 470	11 920

Division

Zerlege die erste Zahl so, dass du die Teilaufgaben leicht lösen kannst.

644	:	7	=	
490	:	7	=	70
140	:	7	=	20
14	:	7	=	2
644	:	7	=	92

Du kannst auch so rechnen:

644	:	7	=	
630	:	7	=	90
14	:	7	=	2
644	:	7	=	92

FEHLERQUELLE

644 : 7 =

600 : 7 = ...

▶ **Falsch**, denn **600** : 7 geht nicht auf!

▶ Suche eine Zahl kleiner als 644, die du leicht durch 7 teilen kannst. Das ist meist **keine** Stufenzahl.

Betrachte zuerst nur die ersten beiden Stellen.

Beispiel:

7389	:	9	=	□
7200	:	9	=	800
180	:	9	=	
9	:	9	=	
7389	:	9	=	

▷ Betrachte nur die ersten beiden Stellen. 73 : 9 = □ .

▷ Suche eine passende Einmaleins-Aufgabe.

72 : 9 = 8.

▷ Übertrage sie auf die großen Zahlen.

7200 : 9 = 800.

Division mit Rest

$522 : 4 =$

$400 : 4 = 100$

$120 : 4 = 30$

Rest 2

$522 : 4 = 130$ R 2

Der Rest wird ans Ende des Ergebnisses geschrieben.

▶ **BEACHTE** Der Rest ist immer kleiner als der Teiler. Wenn du einen größeren Rest berechnet hast, so musst du noch einmal teilen.

Übungen

1 Berechne halbschriftlich.

a) $264 + 123$ b) $483 + 117$ c) $262 + 945$

d) $965 - 222$ e) $381 - 92$ f) $400 - 154$

2 Multipliziere halbschriftlich.

TIPP Du kannst auch mit dem Malkreuz rechnen.

a) $7 \cdot 16$ b) $13 \cdot 8$ c) $83 \cdot 7$

d) $56 \cdot 15$ e) $88 \cdot 37$ f) $35 \cdot 81$

3 Dividiere halbschriftlich.

a) $96 : 6$ b) $231 : 3$ c) $388 : 4$

d) $912 : 8$ e) $74 : 3$ f) $159 : 7$

7 Muster entdecken

■ Päckchenaufgaben:

a) 123 + 645 =
133 + 635 =
143 + 625 =
153 + 615 =

b) 801 – 351 =
811 – 352 =
821 – 353 =
831 – 354 =

Übungen

1 Löse die Aufgaben und setze die Päckchen fort.

2 Was fällt dir an den Zahlen und den Ergebnissen auf? Beschreibe den Zusammenhang.

3 Erfinde selbst Aufgabenpäckchen.

■ Zahlenfolgen:

Beispiele:

+5 +5 +5 +5 +5
a) 1; 6; 11; 16; 21; ...

·3 ·3
b) 5; 15; 45; ...

+11 –2 +11 –2
c) 3; 14; 12; 23; 21; ...

Übung

■ Setze die Zahlenfolgen fort. Prüfe, ob du die vorgegebene Zahl am Ende erreichst.

a) 4; 14; 12; 22; ...; 46 b) 1; 2; 4; 8; ...; 512

8 Schriftliche Addition

■ Ohne Übertrag:

Schreibe die Zahlen stellengerecht untereinander.

	H	Z	E
	4	3	2
+	3	1	6
	7	4	8

Rechne zuerst die Einer (E), dann die Zehner (Z), dann die Hunderter (H):

▷ 2 E + 6 E = 8 E

▷ 3 Z + 1 Z = 4 Z

▷ 4 H + 3 H = 7 H

■ Mit Übertrag:

	H	Z	E
		9	3
	6	5	7
+	2	8	6
1	2	1	
1	0	3	6

Zuerst die Einer.

▷ 3 E + 7 E + 6 E = 16 E;

6 E anschreiben, 1 Z übertragen.

▷ 9 Z + 5 Z + 8 Z + 1 Z = 23 Z;

3 Z anschreiben, 2 H übertragen.

▷ 6 H + 2 H + 2 H = 10 H;

0 H anschreiben, 1 T übertragen.

▷ 1 T = 1 T; 1 T anschreiben.

FEHLERQUELLEN

▶ Eine der Zahlen „verrutscht“:
Schreibe die Zahlen sehr **ordentlich**.
Schreibe sie **stellengerecht** untereinander.

▶ Der Übertag (die Gemerkt-Zahl) ist falsch:
Rechne zuerst die Einer.
Schreibe den Übertrag zur richtigen Stelle.

Übungen

1 Wähle 6 verschiedene Ziffern. Bilde daraus zwei dreistellige Zahlen und addiere sie schriftlich.

a) Welches ist dein größtes (dein kleinstes) Ergebnis?

b) Erreichst du als Ergebnis 999 (1 000)?

2 Ermittle die fehlenden Ziffern. Rechne zur Probe die Umkehraufgabe.

a)

	5	□	6
+	2	3	□
		1	
	□	2	0

b)

	□	2	8
+	5	6	□
		1	
	9	□	1

9 Schriftliche Subtraktion (Ergänzungsverfahren)

ELTERN TIPP Es gibt zwei verschiedene Verfahren für die schriftliche Subtraktion: das Ergänzungsverfahren (in diesem Abschnitt) und das Abziehverfahren (→ S. 110). Üben Sie mit Ihrem Kind nur das Verfahren, das es in der Schule lernt!

■ Ohne Übertrag:

Du löst bei jedem Schritt eine Ergänzungs-Aufgabe.

	H	Z	E
	9	6	7
+	1	6	2
	8	0	5

Beginne bei den Einern. Ergänze immer von unten nach oben.

▷ 2 E + □ E = 7 E; 5 E anschreiben.

▷ 6 Z + □ Z = 6 Z; 0 Z anschreiben.

▷ 1 H + □ H = 9 H; 8 H anschreiben.

■ Mit Übertrag:

	H	Z	E
	9	6	2
−	4	3	5
		1	
	5	2	7

Ergänze immer von unten nach oben. Zuerst die Einer.

▷ 5 E + □ E = 2 E. **Geht nicht!**

Deshalb vergrößert man die obere und die untere Zahl um 1 Z.

▷ obere Zahl: 2 E + 1 Z = 12 E

untere Zahl: 1 Z übertragen.

Die ganze Rechnung im Überblick:

- 5 E + □ E = 2 E. (Geht nicht!) 1 Z übertragen.
  5 E + □ E = 12 E. 7 E anschreiben.
- 1 Z + 3 Z = 4 Z. (Den Übertrag dazuzählen.)
  4 Z + □ Z = 6 Z. 2 Z anschreiben.
- 4 H + □ H = 9 H. 5 H anschreiben.

FEHLERQUELLEN

- Oben und unten steht dieselbe Ziffer. Dann ist der Unterschied 0. (➜ Beispiel auf S. 108 unten: 6 Z + □ Z = 6 Z. 0 Z anschreiben.)
- Oben steht eine 0. Ergänze bei jedem Stellenwert. Auch wenn in der oberen Zahl die 0 steht.

Übungen: Bearbeite die Übungen auf Seite 112.

10 Schriftliche Subtraktion (Abziehverfahren)

ELTERN TIPP Es gibt zwei verschiedene Verfahren für die schriftliche Subtraktion: das Ergänzungsverfahren (→ S. 108) und das Abziehverfahren (in diesem Abschnitt).Üben Sie mit Ihrem Kind nur das Verfahren, das es in der Schule lernt!

■ Ohne Wechseln:

	H	Z	E
	9	6	7
+	1	6	2
	8	0	5

Zuerst die Einer.
Rechne von oben nach unten.
▷ 7 E – 2 E = 5 E
▷ 6 Z – 6 Z = 0 Z
▷ 9 H – 1 H = 8 H

■ Mit Wechseln:

	H	Z	E
	9	6	2
–	4	3	5
		5	12
	9	~~6~~	~~2~~
–	4	3	5
	5	2	7

Zuerst die Einer.
Rechne von oben nach unten.
▷ 2 E – 5 E = □ E. **Geht nicht!**
Deshalb wechselt man bei der oberen Zahl 1 Z in 10 E.
▷ Von ~~6 Z~~ bleiben 5 Z, aus ~~2 E~~ werden 12 E.
▷ 12 E – 5 E = 7 E.
▷ 5 Z – 3 Z = 2 Z.
▷ 9 H – 4 H = 5 H.

Wie das Wechseln geht, betrachten wir auf der nächsten Seite noch mal ganz genau.

So geht das Wechseln:

▶ Bei den Einern ist die obere Zahl (962) kleiner als die untere (435), deswegen kann man nicht abziehen: 2 E – 5 E = □ E.

▶ Damit du subtrahieren kannst, wechselst du bei der oberen Zahl 1 Z in 10 E:
Nimm 1 Z weg, von 6 Z bleiben 5 Z übrig.
Aus 2 E werden 12 E.

▶ Nun kannst du abziehen:
12 E – 5 E = 7 E.

■ Mehrfach wechseln:

	H	Z	E
	9	3	1
–	4	4	2
		12	
	8	~~2~~	11
	~~9~~	~~3~~	~~1~~
–	4	4	2
	4	8	9

Zuerst die Einer.
Rechne von oben nach unten.
▷ 1 E – 2 E = □ E. **Geht nicht!**
Wechsle 1 Z in 10 E.
Aus ~~3 Z~~ werden 2 Z,
aus ~~1 E~~ werden 11 E.
11 E – 2 E = 9 E.
▷ 2 Z – 4 Z = □ Z. **Geht nicht!**
Wechsle 1 H in 10 Z.
Du erhältst nun 12 Z.
12 Z – 4 Z = 8 Z.
▷ 8 H – 4 H = 4 H.

■ Eine Null in der oberen Zahl:

	H	Z	E
	8	9 ~~10~~	13
+	~~9~~	~~0~~	~~3~~
	4	4	7
	4	5	6

Zuerst die Einer.

▷ 3 E – 7 E = □ E. **Geht nicht!**

Es gibt keinen Zehner zum Wechseln. Deswegen wechsle zunächst 1 H in 10 Z und dann 1 Z in 10 E.

Es bleiben 8 H, 9 Z und 13 E.

▷ 13 E – 7 E = 6 E.

▷ 9 Z – 4 Z = 5 Z.

▷ 8 H – 4 H = 4 H.

FEHLERQUELLEN

- Notiere nach dem Wechseln immer, wie viele H, Z und E an der jeweiligen Stelle übrig sind.
- Wechsle nur, wenn die obere Zahl kleiner ist als die untere.

Übungen

1 Ermittle die fehlenden Ziffern. Rechne zur Probe die Umkehraufgabe.

a)

	7	□	6
–	3	4	□
	□	3	2

b)

	□	1	7
–	4	3	□
	1	□	8

2 Finde die Fehler und korrigiere sie.

a)

	364
–	278
	114

b)

	825924
–	791863
	174161

11 Schriftliche Multiplikation

ELTERN-TIPP Voraussetzung für die schriftliche Multiplikation ist die sichere Beherrschung des kleinen Einmaleins im Kopf.

■ Mit einer einstelligen Zahl:

In der Aufgabe werden keine Gemerkt-Zahlen notiert. Beginne mit den Einern der vorderen Zahl.

5	8	3	·	6
	3	4	9	8

▶ $6 \cdot 3 = 18$. Schreibe 8, merke 1.
▶ $6 \cdot 8 = 48$, $48 + 1 = 49$ Schreibe 9, merke 4.
▶ $6 \cdot 5 = 30$, $30 + 4 = 34$ Schreibe 34.

■ Eine Null in der ersten Zahl:

4	0	2	·	4
	1	6	0	8

▶ **BEACHTE** Rechne mit der Null wie mit jeder anderen Ziffer.

▶ $4 \cdot 2 = 8$ Schreibe 8.
▶ $4 \cdot 0 = 0$ Schreibe 0.
▶ $4 \cdot 4 = 16$ Schreibe 16.

■ Mit einer zweistelligen Zahl:
Achte darauf, dass du richtig untereinanderschreibst!

5	8	7	·	4	2
	2	3	4	8	0
+		1	1	7	4
			1		
	2	4	6	5	4

▶ Multipliziere die vordere Zahl (587) mit der **ersten** Ziffer der hinteren Zahl (4).
Schreibe unter die Einerstelle eine 0.
Nun geht alles wie gehabt:

4 · 7 = 28 Schreibe 8, merke 2.
4 · 8 = 32, 32 + 2 = 34 Schreibe 4, merke 3.
4 · 5 = 20, 20 + 3 = 23 Schreibe 23.

▶ Multipliziere die vordere Zahl (587) mit der **nächsten** Ziffer der hinteren Zahl (2).

2 · 7 = 14 Schreibe 4, merke 1.
2 · 8 = 16, 16 + 1 = 17 Schreibe 7, merke 1.
2 · 5 = 10, 10 + 1 = 11 Schreibe 11.

▶ Jetzt addiere die Teilergebnisse schriftlich.

TIPP Auf die gleiche Weise kannst du auch mit einer sehr großen Zahl multiplizieren.

FEHLERQUELLEN

- Schreibe stellengerecht untereinander.
- Beginne bei der hinteren Zahl immer mit der **ersten** Stelle.
- Multipliziere immer zuerst die Einer der vorderen Zahl, dann die Zehner usw.
- Vergiss beim Rechnen nicht die Null!

Übungen

1 Multipliziere schriftlich.

a) 808 · 8 b) 4467 · 5 c) 427 · 7
d) 835 · 17 e) 501 · 105 f) 369 · 602

2 Ermittle die fehlenden Ziffern. Rechne zur Probe die Umkehraufgabe.

a)
```
 5 2 □ · 4
 ---------
 □ 1 0 4
```

b)
```
□□□ · 2 1
---------
 □□□0
   3 6 4
---------
 □□□□
```

3 Finde die Fehler und korrigiere sie.

a)
```
8011 · 5
--------
  4055
```

b)
```
327 · 56
--------
  15050
   1822
--------
  16872
```

12 Schriftliche Division

ELTERN TIPP Auch für die schriftliche Division ist die sichere Beherrschung des kleinen Einmaleins im Kopf eine Voraussetzung.

7965 : 3 = □

Ü:	7	8	0	0	:	3	=	2	6	0	0
	T	H	Z	E				T	H	Z	E
	7	9	6	2	:	3	=	2	6	5	4
	6										
	1	9									
	1	8									
		1	6								
		1	5								
			1	2							
			1	2							
				0							

▸ Beginne bei der größten Stelle (hier Tausender):
Wie oft passt die 3 in die 7? 7 : 3 geht 2-mal.
2 T anschreiben. Gegenrechnung: 2 · 3 = 6.
Schreibe 6 unter die 7 und subtrahiere: 7 – 6 = 1.

▸ Nun die nächste Stelle (hier Hunderter):
Hole die 9 herunter und schreibe sie neben die 1.
19 : 3 geht 6-mal. 6 H anschreiben.
Gegenrechnung: 6 · 3 = 18.
Schreibe 18 unter die 19 und subtrahiere: 19 – 18 = 1.

▶ Fahre fort, bis du die **Einer-Stelle** geteilt hast.

▶ Kontrolliere dein Ergebnis:
Vergleiche mit dem Überschlag (➜ S. 120).
Mache auch die Probe: 2 654 · 3 = ☐ .

TIPPS

▶ Schreibe den Überschlag stellengerecht über die Aufgabe. So fällt dir schnell auf, wenn etwas bei den Stellenwerten nicht stimmt.

▶ Frage dich bei jedem Rechenschritt: „Wie oft passt ... in ...".

■ Wenn die erste Ziffer kleiner ist als der Teiler, dann nimm die nächste Ziffer dazu:

H	Z	E				H	Z	E
4	7	5	:	5	=		9	5
4	5							
	2	5						
	2	5						
		0						

▶ Beginne bei der größten Stelle (hier **Hunderter**):
4 : 5 geht nicht.

▶ Dann nimm die nächste Ziffer mit (47):
47 : 5 geht 9-mal. 9 Z anschreiben.
Gegenrechnung: 9 · 5 = 45.
Schreibe 45 unter die 47 und subtrahiere.

▶ Rechne weiter wie gewohnt.

Schriftliche Division mit Rest:

449 : 6 = □

Ü:	4	2	0	:	6	=	7	0		
	4	4	9	:	6	=	7	4	R	5
	4	2								
		2	9							
		2	4							
			5							

- Überschlage zuerst.
- Dividiere wie gehabt.

44 : 6 geht 7-mal. 7 · 6 = 42. Abziehen.

29 : 6 geht 4-mal. 4 · 6 = 24. Abziehen.

5 bleiben übrig. Weiter kann nicht geteilt werden.

- Schreibe den Rest zum Ergebnis: R 5.
- Vergleiche mit dem Überschlag.

BEACHTE bei der Probe:

1. Rechne zuerst die Umkehraufgabe ohne den Rest.
   74 · 6 = 444.
2. Addiere dann den Rest aus der Divisionsaufgabe:
   444 + 5 = 449.

FEHLERQUELLEN

- Nullen im Dividenden: Rechne mit der Null wie mit jeder anderen Ziffer. 0 : 6 = 0. Addiere die Gemerkt-Zahl und schreibe im Ergebnis an.

▶ Überschlage **vor** dem Rechnen. Vergleiche **nach** der Rechnung dein Ergebnis mit dem Überschlag.

▶ Rechne zur Probe die Umkehraufgabe.

Übungen

1 Dividiere schriftlich.

a) 896 : 8 b) 7788 : 6 c) 7945 : 7

d) 90462 : 6 e) 90258 : 3 f) 23005 : 3

2 Finde die Fehler und korrigiere sie.

a)

9	4	6	8	:	9	=	1	5	2
9									
0	4	6							
	4	5							
		1	8						
		1	8						
			0						

b) 9005 : 5 = 181

c) 24056 : 8 = 307 d) 9201 : 3 = 367

3 Wähle drei aufeinanderfolgende Zahlen.

Beispiel: 6514; 6515; 6516.

a) Addiere sie schriftlich.

b) Dividiere die berechnete Summe durch 3. Was fällt dir auf?

c) Probiere mit anderen aufeinanderfolgenden Zahlen. Was stellst du fest? Begründe.

13 Lösungen kontrollieren

■ Vergleichen mit dem **Überschlag**:

Bei Aufgaben mit größeren Zahlen ist es günstig, vor dem Rechnen einen Überschlag zu machen.

Beispiel zur halbschriftlichen Addition:

Aufgabe: 138 + 714 = Ü: 140 + 710 = 850

138 + 700 = 838

838 + 14 = 852

TIPP Beim schriftlichen Malnehmen und Teilen solltest du immer vorher überschlagen.
Dabei kann es oft sinnvoll sein, **beide** Zahlen zu verändern:

Beispiele: **a)** 4 157 · 21 **Ü:** 4 000 · 20

b) 6 789 : 9 **Ü:** 7 000 : 10

■ Rechnen der **Tauschaufgabe**:

Beispiel: 540 + 117 = 657 **T:** 117 + 540 = 657

■ Rechnen der **Umkehraufgabe**:

Beispiele: **a)** 617 – 300 = 317 **U:** 317 + 300 = 617

b) 240 : 60 = 4 **U:** 4 · 60 = 240

▶ **BEACHTE** Zur Probe musst du die Tauschaufgabe bzw. die Umkehraufgabe neu rechnen und nicht nur das Ergebnis abschreiben. Ansonsten würdest du auch mögliche Fehler abschreiben, statt sie zu entdecken.

14 ZUM NACHSCHLAGEN: Fachbegriffe zum Rechnen

Addition

17	+	12	=	29
Summand	plus	Summand	=	Summe

Man sagt auch: addieren, dazuzählen, zusammenzählen.

Subtraktion

10	–	6	=	4
Minuend	minus	Subtrahend	=	Differenz

Man sagt auch: subtrahieren, abziehen, wegnehmen.

Multiplikation

5	·	8	=	40
Faktor	mal	Faktor	=	Produkt

Man sagt auch: multiplizieren, malnehmen.

Division

42	:	6	=	7
Dividend	geteilt durch	Divisor (Teiler)	=	Quotient

Man sagt auch: dividieren, durch, teilen.

TEST

1 Rechne geschickt.

a) 175 + 387 + 125
b) 5 · 7 · 2
c) 270 + 356 – 70
d) 74 000 + □ = 80 000
e) 99 · 7
f) 24 000 : 600

2 Beachte die Rechenregeln.

a) (92 + 8) · 7
b) 92 + 8 · 7
c) 300 : (20 : 2)
d) 300 : 20 : 2
e) 176 – 24 + 50
f) 176 – (24 + 50)

3 Rechne halbschriftlich.

a) 147 + 521
b) 839 + 233
c) 589 – 175
d) 905 – 209
e) 128 · 6
f) 11 · 11
g) 63 · 23
h) 860 : 4
i) 710 : 6

4 Setze die Zahlenfolgen fort. Gib auch die Rechenvorschrift an.

a) 1; 4; 7; ...; 22.
b) 999; 887; 775; ...; 103.
c) 10; 20; 15; 25; 20; ...; 50.

5 Addiere und subtrahiere schriftlich.

a) 408 + 373
b) 639 + 75 + 171
c) 196 + 672 + 254
d) 615 – 324
e) 803 – 579
f) 721 – 365

6 Multipliziere und dividiere schriftlich.

a) 419 · 2
b) 109 · 9
c) 3 187 · 3
d) 2 007 · 8
e) 5 768 · 67
f) 745 · 507
g) 417 : 3
h) 2 576 : 7
i) 77 805 : 9
j) 741 : 3
k) 8 280 : 8
l) 32 036 : 4

Sachaufgaben

ELTERN TIPP Beim Sachrechnen werden Alltagssituationen in die Sprache der Mathematik übertragen. Das bereitet vielen Kindern Probleme. Beteiligen Sie Ihr Kind an Alltagssituationen, in denen gerechnet wird. So lernt Ihr Kind, alltägliche Situationen in die Sprache der Mathematik zu übersetzen.

1 So wirst du zum Sachaufgabenprofi

- Lies mit einem Stift in der Hand. Unterstreiche wichtige Angaben. Streiche Überflüssiges.
- Stelle dir die Situation vor, als ob du dabei bist.
- Fasse die Aufgabe mit eigenen Worten zusammen, erzähle sie jemandem oder spiele die Aufgabe nach.
- Oft ist es hilfreich, eine Skizze zur Aufgabe zu zeichnen.
- Antworte genau auf die Rechenfragen.

TIPP Manche Wörter kommen häufig in Sachaufgaben vor. Sie zeigen an, wie du rechnen musst. Lege dir eine Liste dieser Wörter an.

Beispiel:

Addition	Subtraktion	Multiplikation	Division
und, dazu, mehr, …	weniger, Unterschied, Rückgeld, …	je, mal, -fach, …	aufteilen, Anteil, pro, …

2 Mehrere Rechenschritte

TIPP: Unterstreiche die wichtigen Angaben. Verwende für zusammengehörende Angaben gleiche Farben.

Anna braucht Schreibwaren. Sie kauft ein Geodreieck zu 1,98 €, eine Packung Gel-Stifte zu 4,69 €, 5 Hefte zu je 86 ct. An der Kasse bezahlt sie mit einem 20-€-Schein. Wie viel bekommt sie zurück?

Rechnung:

1. Schritt: Kosten der **5 Hefte** berechnen.

$5 \cdot 86\,\text{ct} = 430\,\text{ct} = 4{,}30\,€$

$5 \cdot 80\,\text{ct} = 400\,\text{ct}$

$5 \cdot 6\,\text{ct} = 30\,\text{ct}$

▶ **BEACHTE** die Umwandlung der Einheiten!

2. Schritt: Gesamtkosten berechnen.

$$\begin{array}{r} 1{,}98\,€ \\ 4{,}69\,€ \\ +\ 4{,}30\,€ \\ \hline 10{,}97\,€ \end{array}$$

3. Schritt: Höhe des Wechselgeldes ausrechnen.

$$\begin{array}{r} 20{,}00\,€ \\ -\ 10{,}97\,€ \\ \hline 9{,}03\,€ \end{array}$$

Antwort: Sie bekommt 9,03 € zurück.

3 Mehrere Lösungen – keine Lösung

Beispiele für Aufgaben mit mehreren Lösungen:

Brezel	45 ct
Vollkornstange	70 ct
Stangensemmel	23 ct
Milchbrötchen	25 ct
Rosinenbrötchen	50 ct

a) Jonas kauft 3 verschiedene Gebäckteile. Welche Preise könnte er bezahlen?

b) Anna bezahlt 3 € beim Bäcker. Was könnte sie nach Hause mitbringen?

Mögliche **Lösungen** findest du im Lösungsteil.

Beispiele für Aufgaben ohne Lösung:

a) Auf einem Ausflugsdampfer befinden sich 428 Passagiere. Beim ersten Halt steigen 176 aus, 83 steigen ein. Wie alt ist der Kapitän des Schiffes?

b) Die Pausenhalle der neuen Grundschule ist 9 m lang und 12,5 m breit. Wie hoch ist sie?

Beide Fragen kann man nicht beantworten, es gibt keine Lösung. Denn die passenden Angaben fehlen!

TIPP Stelle dir die Situation genau vor. Fange nicht an irgendwie zu rechnen, bloß weil Zahlen vorkommen.

4 Passende Fragen stellen

Überlege genau, ob die Fragen, die du findest, zur Aufgabe passen.

Beispiel: Familie Rindle will einen Gartenzaun bauen. Er soll 60 m lang werden. Die Zaunlatten kosten 650 €. Für je 5 m benötigen sie Befestigungsmaterial zu 46 €.

Übung

Welche Fragen passen zu dem Beispiel?

a) Wie breit ist das Grundstück?

b) Wie hoch sind die Gesamtkosten?

c) Kostet das Befestigungsmaterial mehr als 500 €?

d) Wie lange brauchen sie für den Bau des Zaunes?

5 Überschlagen

In vielen Situationen kommt es nicht auf das exakte Ergebnis an. Dann kann man mit dem Überschlag viel leichter und schneller rechnen.

Beispiel:

Lydia hat 5 €. Reicht ihr Geld?

Sie will kaufen:		Sie überschlägt so:
Buntstifte	2,95 €	3,00 €
Aufkleber	1,54 €	1,50 €
Radiergummi	0,74 €	+ 0,70 €
		5,20 €

Antwort: Ihr Geld reicht nicht aus.

In welches Stadion passen die meisten Zuschauer?

Verein	Sitzplätze	Stehplätze
FC Kaiserslautern	27 982	18 633
VfB Stuttgart	48 207	6 060
Mönchengladbach	29 329	23 654

Karoline rundet auf Tausender:

FC Kaiserslautern:	28 000	+	19 000	=	47 000
VfB Stuttgart:	48 000	+	6 000	=	54 000
Mönchengladbach:	29 000	+	24 000	=	53 000

Die Ergebnisse bei VfB Stuttgart und Mönchengladbach liegen dicht beieinander. Deswegen rechnet Karoline noch einmal, diesmal rundet sie auf Hunderter:

VfB Stuttgart:	48 200	+	6 100	=	54 300
Mönchengladbach:	29 300	+	23 700	=	53 000

Antwort: In das Stadion des VfB Stuttgart passen die meisten Zuschauer.

Übung

■ **Pauls Mutter will 100 Fliesen für das Badezimmer kaufen. Überschlage, welches Angebot am günstigsten ist.**

Baumarkt Fit: 10 Fliesen kosten 7,90 €.

Fachhandel Grün: 22,45 € für 25 Fliesen.

Fliesenmarkt Schlau: Fliesenpaket (50 St.): 37,15 €

6 Knobelaufgaben

Knobeleien mit Zahlen können ganz schön lang dauern. Bleib gelassen und probiere weiter.
Oft nähert man sich der Lösung ganz langsam.
Oft findet man die Lösung nicht. Aber auch das ist ein Ergebnis: Herauszufinden, was nicht die Lösung ist.

Beispiel: Welche Zahl ist das?

„Diese Zahl plus die Hälfte dieser Zahl ist um 3 kleiner als das Doppelte dieser Zahl."

▷ Probiere mit verschiedenen Zahlen!

Ich fange an zu probieren mit 10.

Zahl + Hälfte der Zahl: 10 + 5 = 15
Doppelte der Zahl: 10 + 10 = 20
→ 5 kleiner.

▷ Ich probiere weiter mit 8.

8 + 4 = 12
8 + 8 = 16
→ 4 kleiner.

Die **Lösung** findest du im Lösungsteil.

Übungen

1 **Hannas Vater ist 9-mal so alt wie Hanna. In einem Jahr ist er nur noch 7-mal so alt wie sie. Wie alt sind die beiden?**

2 **Zerlege die Zahl 55 so in zwei Zahlen, dass die eine Zahl durch 3 und die andere durch 4 teilbar ist. Finde alle Lösungsmöglichkeiten.**

Beispiel: 55 = 28 + 27
28 (teilbar durch 4) und 27 (teilbar durch 3).

7 Diagramme und Schaubilder

Beispiele:

a) Durchschnittliche Fernsehdauer je Tag in Minuten:

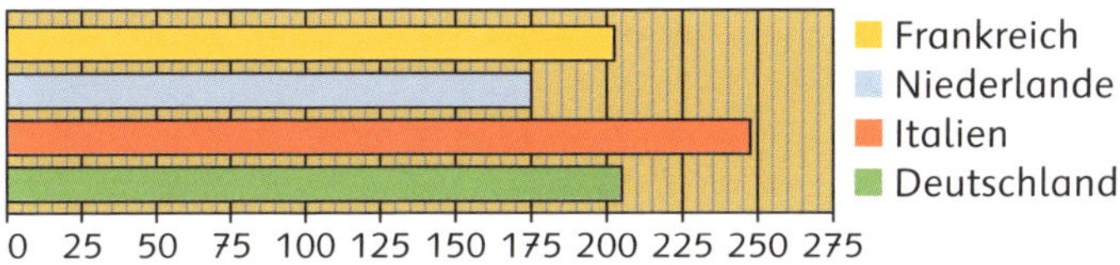

b) Die Zahl der jugendlichen Turnerinnen und Turner beim SV Rot-Weiß in den letzten Jahren:

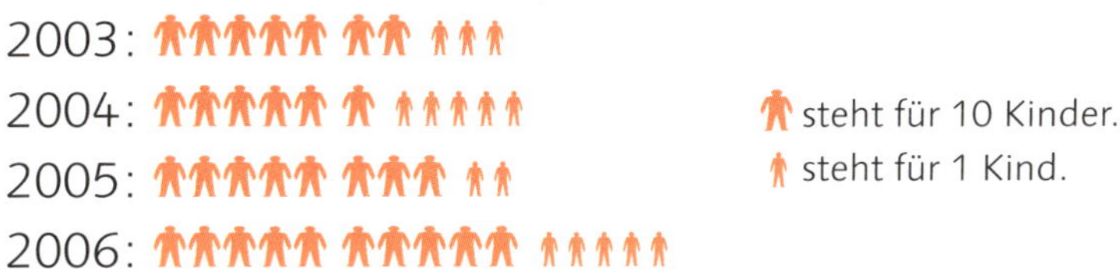

Übungen

1 Durchschnittliche Fernsehdauer

a) Gib für jedes Land an, wie lang durchschnittlich ferngesehen wird.

b) Wo wird am kürzesten ferngesehen, wo am längsten?

2 Turnen beim SV Rot-Weiß

a) Wann turnten die wenigsten, wann die meisten Kinder beim SV Rot-Weiß?

b) Wie viele Kinder waren es in welchem Jahr?

c) Wie viele Kinder waren es 2006 mehr als 2004?

8 Tabellen

Schülerzahlen der Grundschule „Sophie Scholl“:

Klasse	Schüler	Mädchen	Jungen	katholisch	evangelisch	Sonst.
1a	22	10	12	8	6	8
1b	23	9	14	9	6	8
1c	21	9	12	7	6	8
2a	25	12	13	10	7	8
2b	26	12	14	7	9	10
2c	23	10	13	10	6	7
3a	19	8	11	9	5	5
3b	22	10	12	7	7	8
3c	25	14	11	8	10	7
4a	28	16	12	8	11	9
4b	23	9	14	8	6	9
4c	26	10	16	11	8	7
gesamt	283	129	154	102	87	94

▸ Über den Spalten steht, welche Angaben du in dieser Spalte finden kannst (z. B. Anzahl der Schüler, Anzahl der Mädchen, ...).

▸ Vor den Zeilen steht die Klasse, zu der die Angaben dieser Zeile gehören (z. B. die 3c).

Beispiel: **Frage:** Wie viele Mädchen sind in der 3c?
Verbinde die Spalte „Mädchen“ mit der Zeile „3c“. Oben ist es vorgemacht. Wo sich Spalte und Zeile teffen, steht die gesuchte Angabe.
Antwort: In der Klasse 3c sind 14 Mädchen.

Übungen

1 Wie viele Kinder sind katholisch?

2 Wie viele Kinder gehen in eine erste Klasse?

3 In welchen Klassen sind mehr Mädchen als Jungen?

4 Welche Fragen kann man noch beantworten?

Tabellen erstellen

Die Informationen, die du für das Fortsetzen der folgenden Tabelle brauchst, findest du in einem Kalender oder suche im Internet (➔ **www.google.de**).

München Datum	Sonnen-aufgang	Sonnen-untergang	Länge des Tages
1. Januar	8.05	16.31	
1. Februar	7.43	17.14	
1. März	6.56	17.59	

Das ist die Zeit vom Aufgang bis zum Untergang der Sonne.

Übungen

1 Setze die Tabelle fort und berechne jeweils die Länge des Tages.

2 Welcher der Tage ist der längste, welcher der kürzeste? Um wie viel unterscheiden sie sich?

9 Daten erfassen und bearbeiten

Die wichtigsten Arbeitsschritte:

1. Schritt: Gewinnen der Daten. Zum Beispiel aus Lexika, Büchern, Internet, eigene Umfrage, ...

2. Schritt: Daten bearbeiten und darstellen. Ordnen der Daten durch Darstellung in einer Tabelle oder einem Schaubild.

3. Schritt: Daten nutzen. Fragen oder Aufgaben zu den Daten bearbeiten (dabei wird auch gerechnet).

4. Schritt: Bewerten der Daten. Was fällt dir bei den Daten auf? Welches Ergebnis erstaunt dich, welches hast du so erwartet? Sprich mit deinen Eltern oder Freunden über die Sache.

Beispiel:

Herzschlag und Atmung – Schwerstarbeit

Herz und Lunge vollbringen rekordverdächtige Leistungen. Du atmest ca. 25-mal pro Minute. Dein Herz schlägt etwa 90-mal in einer Minute, das eines Erwachsenen etwa 65-mal. Beim Sport werden es oft 160 Schläge und mehr. Im Laufe deines Lebens wird dein Herz etwa 3 Milliarden Mal schlagen.

Bei anderen Säugetieren ist das ähnlich: Ein Meerschweinchen hat einen Puls von etwa 250, ein Mäuseherz schlägt 600-mal pro Minute. Ein wahrer Sprinter ist das Fledermausherz, das etwa 950-mal in der Minute schlägt. Der Elefant dagegen bringt es nur auf 25 Herzschläge. Beim Igel werden im Sommer etwa 280 Schläge gezählt, während des Winterschlafs dagegen nur 18.
Ähnliche Unterschiede gibt es bei der Atmung. Ein Erwachsener

atmet etwa 16-mal in der Minute, der Elefant gerade halb so oft. Ein Meerschweinchen benötigt 15-mal so viele Atemzüge wie der Elefant. Die Fledermaus atmet 50-mal, der wache Igel 20-mal und im Winterschlaf sogar nur 5-mal pro Minute.

1. Schritt: Gewinnen der Daten. Unterstreiche alle wichtigen Daten im Text, schreibe sie heraus und ordne sie nach Herzschlag und Atmung.
2. Schritt: Daten bearbeiten und darstellen. Lege eine Tabelle an, z. B. so:

Lebewesen	Atemzüge pro min	Herzschläge (Puls) pro min
Kind	25	90
Erwachsener	16	65
Elefant	8	25
...	...	...

3. Schritt: Daten nutzen. Berechne den Herzschlag der verschiedenen Lebewesen für einen Tag. Erweitere deine Tabelle um eine Spalte, in die du diese Ergebnisse einträgst.
4. Schritt: Bewerten der Daten. Was fällt dir auf? Welche Tiere haben die schnellsten Herzschläge, welche die langsamsten? (Tipp: Beachte die Größe der Tiere.) Was fällt dir noch auf?

Lösungen findest du im Lösungsteil.

TEST

1 Jonas will Schutzausrüstung für Inline-Skates kaufen. Knieschoner kosten 15,99 €, Handgelenkschoner 11,59 € und Ellbogenschoner 13,49 €.

a) Jonas hat 40 € gespart. Reicht sein Geld?

b) Kann er noch einen Stopper für 4,95 € kaufen?

2 Planung eines Klassenfestes. Für jedes der 24 Kinder und für die Lehrerin soll es 2 Hotdogs (Brötchen mit Würstchen) und eine Flasche Apfelschorle geben. Eine Apfelschorle kostet 65 ct, ein Würstchen 50 ct, ein Brötchen 20 ct.

a) Wie viel Geld muss die Lehrerin von jedem Kind einsammeln?

b) Wie viel Geld wird insgesamt für Essen und Trinken ausgegeben?

3 Frau Planers Auto wird in der Werkstatt repariert. Der Mechaniker arbeitet 2 h. Die Ersatzteile kosten 158,45 €. Das Motoröl kostet pro Liter 28,30 €, er benötigt 4 l. Die Arbeitszeit wird mit 34 € je Stunde berechnet.

a) Reicht ihr 500-€-Schein?

b) Stelle eine weitere Frage und beantworte sie.

4 Betrachte die Tabelle auf Seite 130.

a) Gib die drei größten und kleinsten Klassen an.

b) Wie viele Mädchen sind in der Jahrgangsstufe 2?

c) In welcher Stufe sind die meisten Jungen?

d) Wie viele Mädchen der Schule sind katholisch?

Geometrie

1 Fachbegriffe und geometrisches Zeichnen

■ Eine gerade Linie mit zwei Endpunkten heißt **Strecke**.

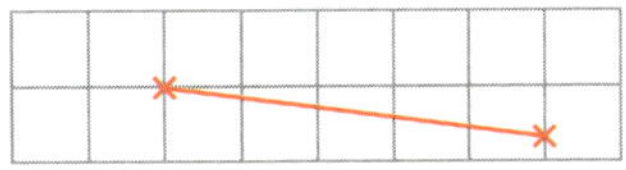

■ Eine gerade Linie, die keine Endpunkte hat, heißt **Gerade**. Du kannst sie an beiden Seiten immer weiter verlängern.

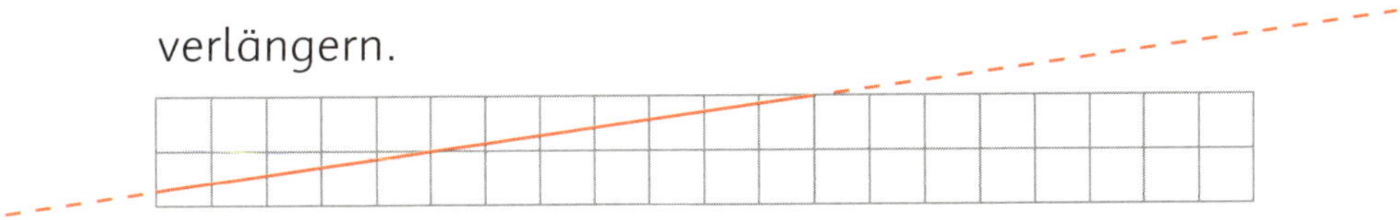

■ Messen von Strecken:
Die Endpunkte von Strecken werden oft mit Buchstaben bezeichnet. Die Strecke heißt dann z. B.: $\overline{AB}$.

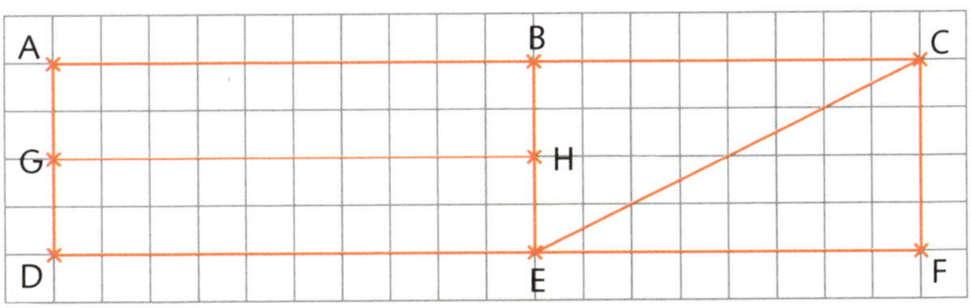

Übung

a) Miss diese Strecken: $\overline{AB}$; $\overline{CE}$; $\overline{EF}$.
b) Welche Strecke ist genauso lang wie $\overline{AC}$?
c) Berechne die Länge von $\overline{GH}$ ohne zu messen.

Zeichnen mit dem Geodreieck

■ Zwei Linien sind zueinander **parallel**, wenn sie die gleiche Lage haben.
So zeichnest du parallele Linien:

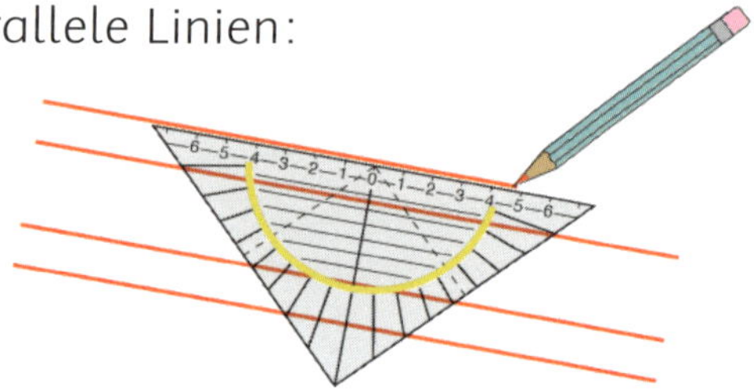

■ Diese Linien stehen **senkrecht** aufeinander.
Man sagt auch: Sie bilden einen rechten Winkel.
So zeichnest du zueinander senkrechte Linien:

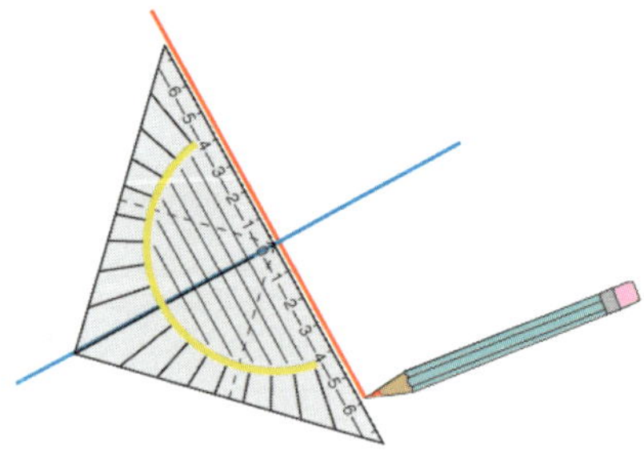

Zeichnen mit dem Zirkel

▷ Stelle den Zirkel auf den gewünschten Radius ein.
▷ Markiere den Mittelpunkt mit einem kleinen Kreuz.
▷ Stich mit der Zirkelspitze vorsichtig in den Mittelpunkt.

Übungen

1 Zeichne 6 zueinander parallele Linien.
Der Abstand soll jeweils 5 mm sein.

2 Zeichne Kreise mit dem Radius

a) 2 cm, b) 3 cm, c) 4 cm.

2 Geometrische Muster

Mit dem Zirkel kannst du tolle Muster zeichnen.
Zeichne nach und setze fort:

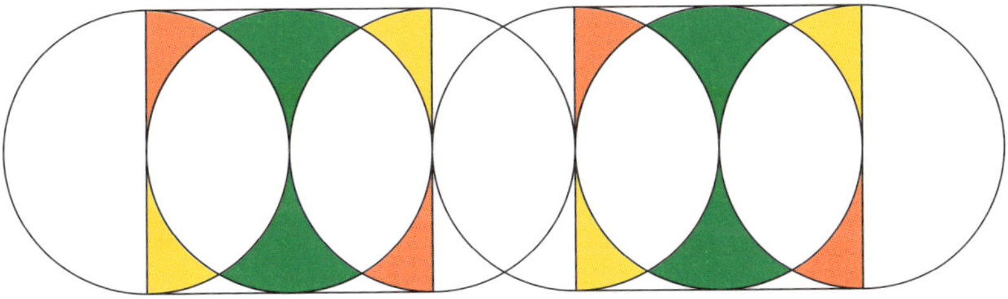

Erfinde selbst Muster. Du kannst damit schöne Rahmen für Briefe oder Gutscheine machen.

■ Probiere folgendes Muster:

▷ Zeichne einen Kreis.

▷ Stich auf der Kreislinie des ersten Kreises ein und zeichne einen Kreis derselben Größe.

▷ Nimm als Einstichstelle nun immer einen Schnittpunkt zweier Kreislinien.

Eine **Lösung** findest du im Lösungsteil.

3 Ebene Grundformen

Quadrat

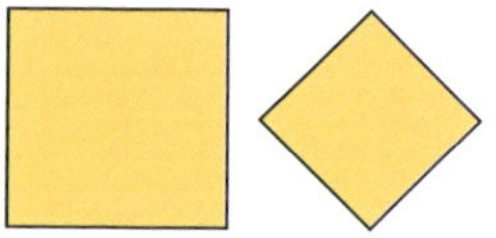

- Alle Seiten sind gleich lang.
- Alle Winkel sind rechte Winkel.

Rechteck

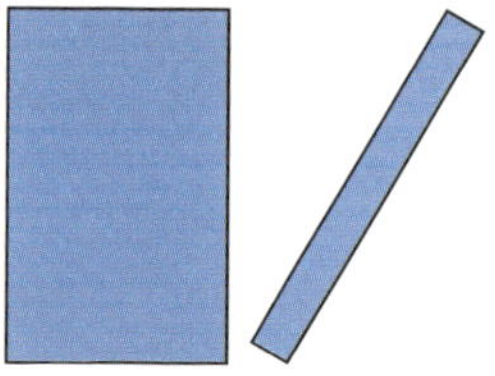

- Gegenüberliegende Seiten sind gleich lang.
- Alle Winkel sind rechte Winkel.

Dreieck

Dreiecke sehen sehr verschieden aus.

Kreis

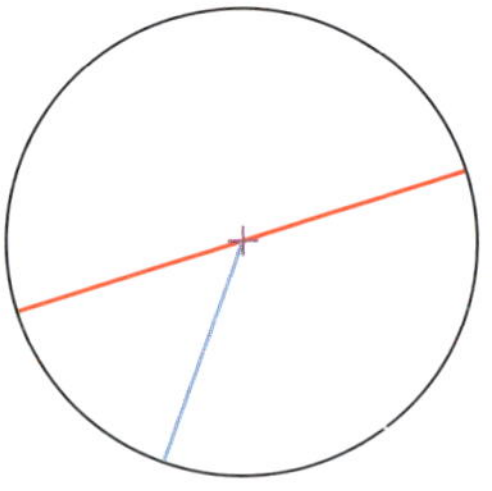

- Die Linie durch den **Mittelpunkt** heißt **Durchmesser**.
- Die Hälfte des Durchmessers nennt man **Radius**.
- Die Außenlinie heißt **Umfang**.

Übungen

1 **Zeichne jede dieser Formen auf verschiedene Weise. Nutze Geodreieck und Zirkel (→ S. 136).**

2 **Finde Flächenformen in der Umwelt. Betrachte Gebäude, Verpackungen, Möbel, …**

4 Umfang und Flächeninhalt

Umfang

■ Der Umfang einer Fläche ist die Länge ihres Randes.

Lege aus Zahnstochern oder aus Streichhölzern Figuren. Der Umfang einer Figur ist die Anzahl ihrer Begrenzungshölzer.

Beispiele:

a) 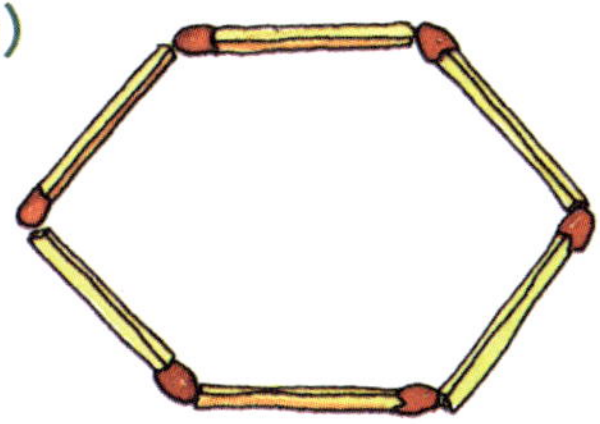

b) 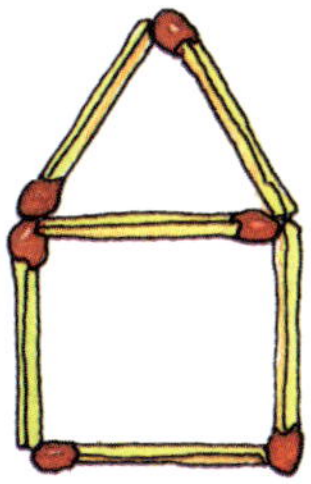

Die **Lösungen** findest du im Lösungsteil.

Flächeninhalte (Parkettierungen)

■ Die Größe einer Fläche kann man ermitteln, indem man sie mit gleich großen Teilen auslegt.

Beispiel:

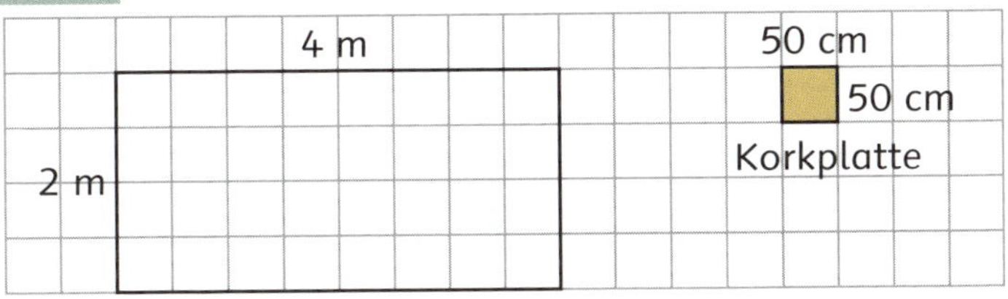

Das Zimmer soll mit Korkplatten ausgelegt werden. Wie viele Platten werden benötigt?

Die **Lösung** findest du im Lösungsteil.

5 Körper

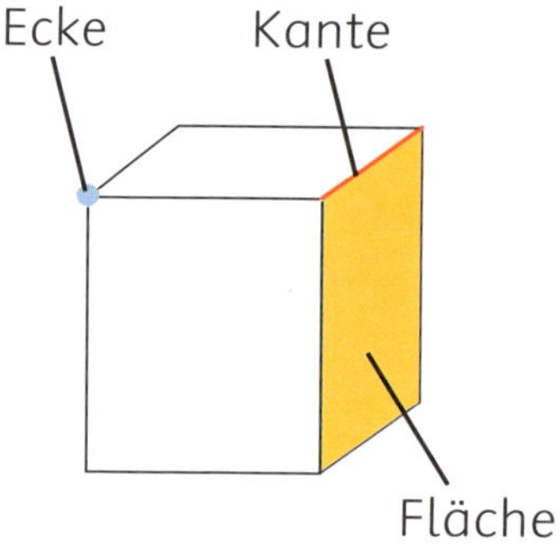

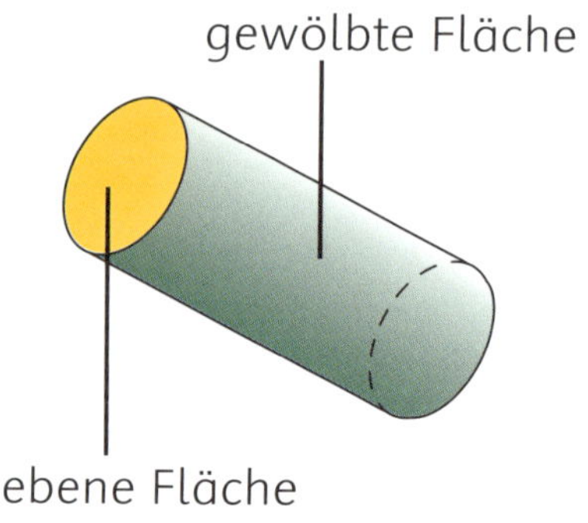

Würfel

- Alle Flächen sind Quadrate.
- Alle Winkel sind rechte Winkel.

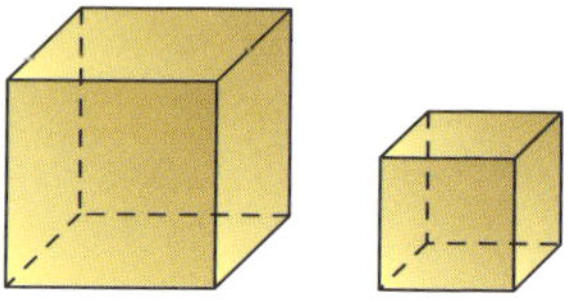

Quader

- Alle Flächen sind Rechtecke.
- Alle Winkel sind rechte Winkel.

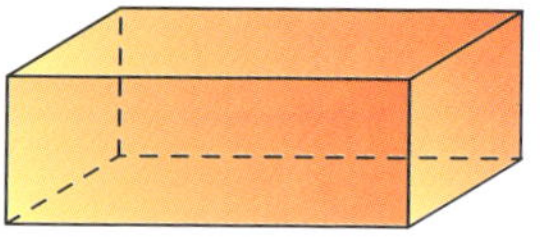

Pyramide

- Eine ebene Bodenfläche.
- Alle Seitenflächen sind dreieckig.

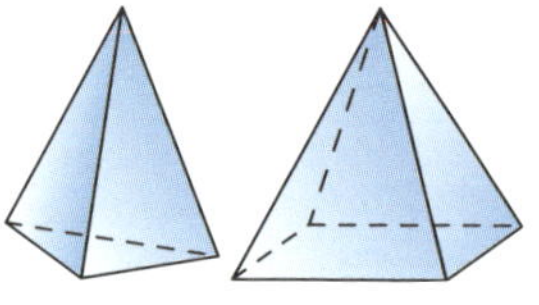

Zylinder

- 2 ebene kreisförmige Flächen.
- 1 gewölbte Fläche.

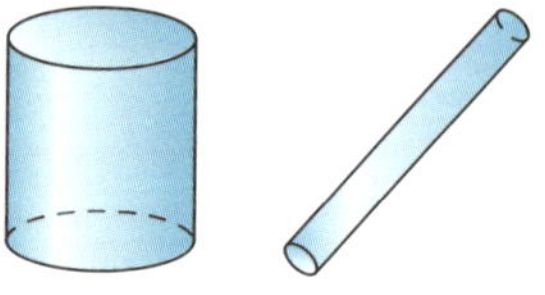

■ Kegel

- 1 ebene kreisförmige Fläche.
- 1 gewölbte Fläche.

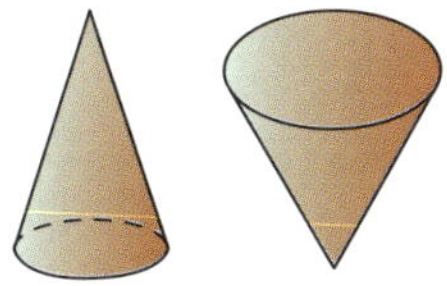

■ Kugel

- Keine Ecken, keine Kanten.

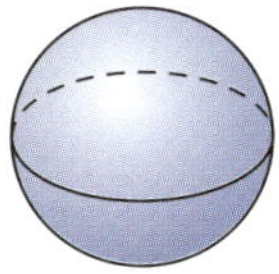

Körpernetze

Stelle dir vor, ein Körper wird an einigen Kanten aufgeschnitten und auseinandergeklappt. Dieses ebene Gebilde heißt dann Netz des Körpers.

Beispiel: Würfelnetz

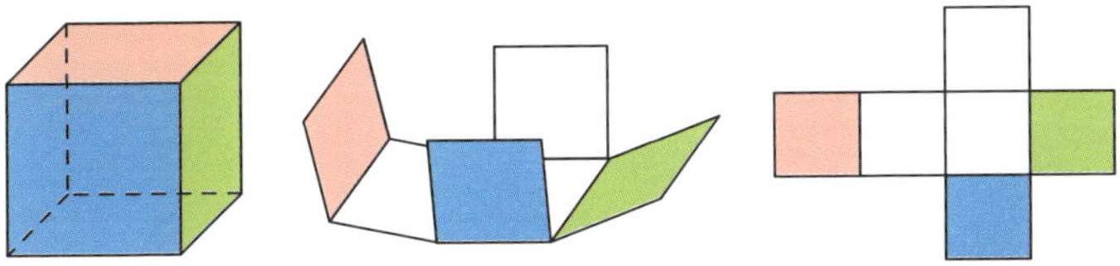

Übung

■ Hier siehst du Körper von der Seite, von oben oder von unten aus fotografiert. Welche?
Es können jeweils verschiedene Körper gewesen sein.

a) b) c) d)

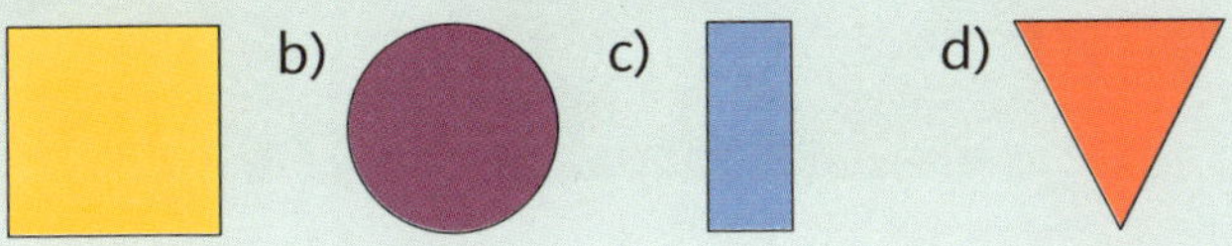

6 Maßstab

Vergrößern und Verkleinern

Vergrößern heißt, etwas im richtigen Verhältnis größer darzustellen, als es in Wirklichkeit ist.
Verkleinern heißt, etwas im richtigen Verhältnis kleiner darzustellen, als es in Wirklichkeit ist.

Beispiele:

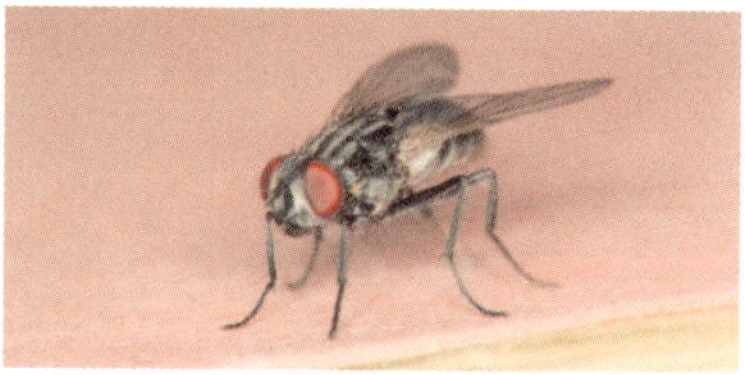

Pläne und Maßstab

Der Maßstab gibt an, um wie viele Male eine Sache vergrößert oder verkleinert wurde.
Maßstab 1 : 10 (sprich: „1 zu 10") bedeutet:
▶ 1 cm im Bild sind in Wirklichkeit 10 cm.
Die erste Zahl gilt für das Bild, die zweite für das Original.
Man schreibt: 1 cm $\widehat{=}$ 10 cm.
Sprich: „1 cm entspricht 10 cm."

Beispiele:

a) 

Maßstab 10 : 1

b) 

Maßstab 1 : 100

a) Du kannst leicht berechnen, wie groß die Kopflaus in Wirklichkeit ist. Miss dazu die Länge des Bildes. Teile dann durch 10 (denn das Bild ist 10-mal so groß wie die Wirklichkeit).
b) Miss die Länge des Nashorns. 1 cm im Bild entsprechen in der Wirklichkeit 100 cm (= 1 m). Das Nashorn ist im Bild 3,7 cm lang, in Wirklichkeit also 3,7 m.

Besonders wichtig ist der Maßstab bei Landkarten und Stadtplänen.

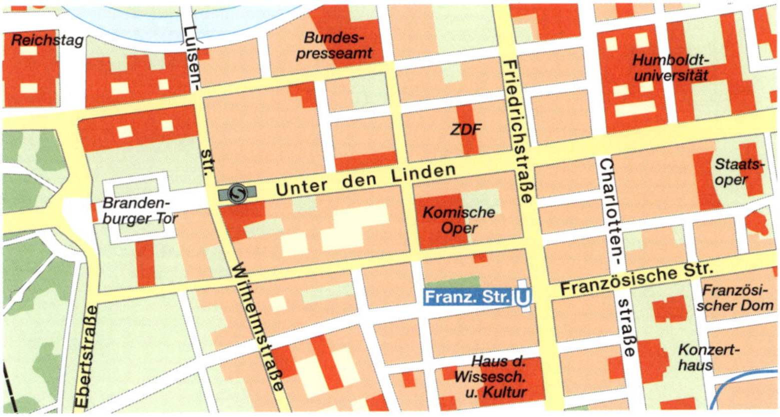

Stadtplan von Berlin im Maßstab 1 : 12 000

Übungen

1 Miss die Entfernung vom Brandenburger Tor zur Staatsoper. Berechne mit Hilfe des Maßstabs, wie groß die Entfernung in Wirklichkeit ist.

2 Wie verläuft der kürzeste Weg vom Reichstag zum Konzerthaus? Wie lang ist er?

Geometrie und Arithmetik

Bild 1	Bild 2	Bild 3	Bild 4	Bild 5

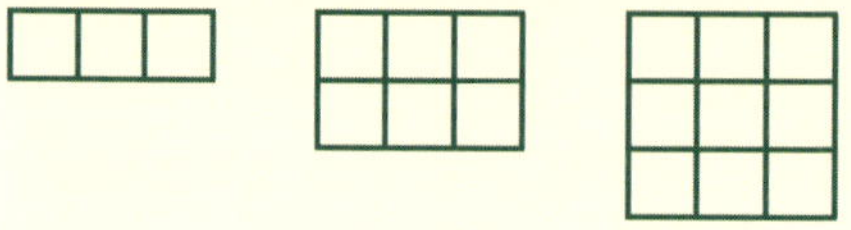

Übungen

1 Setze fort, zeichne die nächsten 2 Bilder.

2 Wie viele Kästchen hat das 10. Bild, wie viele das 20. Bild? Überlege. Zeichne nur, wenn du es nicht anders lösen kannst.

3 Stell dir vor, diese Bilderreihe wird immer weiter fortgesetzt. Ist ein Bild dabei, das genau 100 Kästchen hat? Begründe.

Bauen mit Würfeln

Du benötigst mindestens 20 gleich große Würfel oder würfelförmige Klötzchen.
Baue Gebäude aus 12 Würfeln, wie diese hier. Baue weitere mit 12 Würfeln.

a)

b)

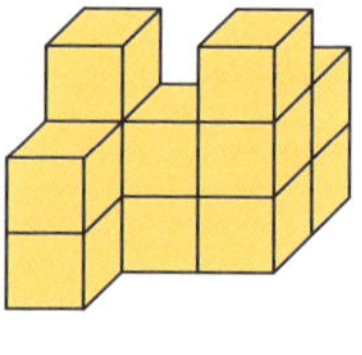

Hier siehst du Baupläne zu Würfelgebäuden. Du musst die Gebäude von oben betrachten oder dir das vorstellen. Die Zahl im Plan gibt an, wie viele Würfel jeweils aufeinanderliegen. Zu welchen Gebäuden gehören sie? Baue auch nach.

a)

b)

c)

A)

3	2	1
2	1	
1		

B)

1	1	1	4

C)

3	3	2	1
2			

Übung

■ **Wie viele Würfel haben diese Figuren? Denke an die Würfel, die du nicht siehst, die aber da sein müssen. Das Gebäude würde sonst schließlich nicht halten.**

a)

b)

c)

8 Symmetrie

Achsensymmetrie, Spiegelsymmetrie

Gespiegelt wird entlang einer Linie (Achse). Diese nennt man **Spiegelachse**, **Symmetrieachse** oder **Faltachse**. Sie kann in oder außerhalb der Figur liegen.

Verschieben (Schubsymmetrie)

Bei der Schubsymmetrie wird eine Figur verschoben. Dabei darf sie weder gedreht noch gespiegelt werden.

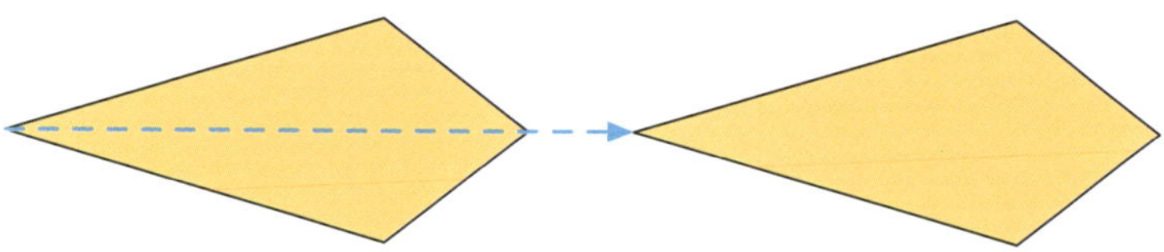

Drehsymmetrie

Eine Figur, die nach einer Drehung um einen **Fixpunkt (Drehpunkt)** den gleichen Platz einnimmt, heißt **drehsymmetrisch**.

TEST

1 Welche Linien sind parallel zueinander, welche stehen senkrecht aufeinander?

a)

b)
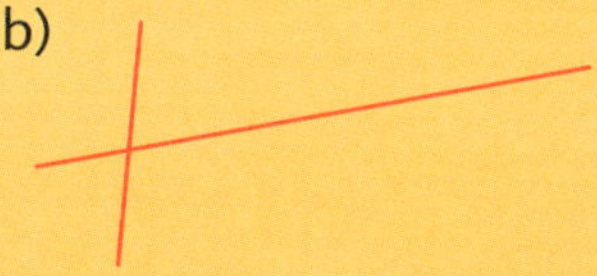

c)

d)

2 Jonas hat das Bauwerk A gebaut. Anna hat es zu Bauwerk B umgebaut. Wie viele Würfel sind übrig?

3 I H A S

a) Zeichne alle Symmetrieachsen ein.

b) Welche der Buchstaben sind drehsymmetrisch? Zeichne die Drehpunkte ein.

Größen

1 Größen im Überblick

Zeitspannen

1 Jahr = 12 Monate = 365 Tage (Schaltjahr: 366 Tage)

1 Monat = 31 oder 30 Tage (Februar: 28 oder 29 Tage)
(Zum Überschlagen wird der Monat mit 30 Tagen gezählt.)

1 Woche	= 7 Tage
1 Tag (1 d)	= 24 Stunden (24 h)
1 Stunde (1 h)	= 60 Minuten (60 min)
1 Minute (1 min)	= 60 Sekunden (60 s)

Abkürzungen: d, h, min, s

Zeitpunkte (Uhrzeiten)

8.15 Uhr (am Morgen)	8.30 Uhr (am Morgen)
20.15 Uhr (am Abend)	20.30 Uhr (am Abend)
Sprich: „Viertel nach acht."	Sprich: „Halb neun."

Messgeräte:

Geld

1 Euro (1 €) = 100 Cent (100 ct)

Abkürzungen: €, ct

Längenmaße

1 Kilometer (1 km) = 1000 Meter (1 000 m)

1 Meter (1 m) = 100 Zentimeter (100 cm)

1 Zentimeter (1 cm) = 10 Millimeter (10 mm)

Abkürzungen: km, m, cm, mm

Messgeräte:

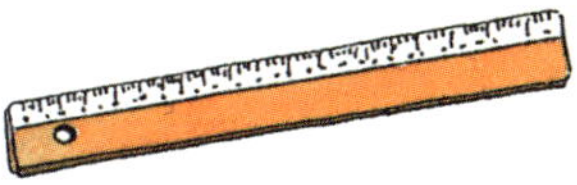

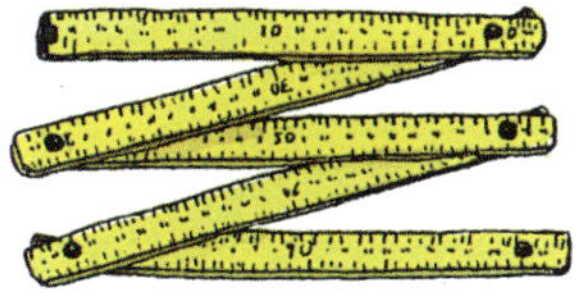

Gewichte

1 Tonne (1 t) = 1000 Kilogramm (1000 kg)

1 Kilogramm (1 kg) = 1000 Gramm (1000 g)

1 Gramm (1 g) = 1000 Milligramm (1000 mg)

Abkürzungen: t, kg, g

Messgeräte:

Hohlmaße

1 Hektoliter (1 hl) = 100 Liter (100 l)

1 Liter (1 l) = 1000 Milliliter (1000 ml)

Abkürzungen: hl, l, ml

Messgeräte:

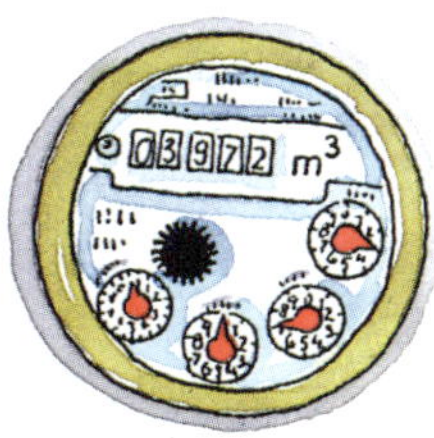

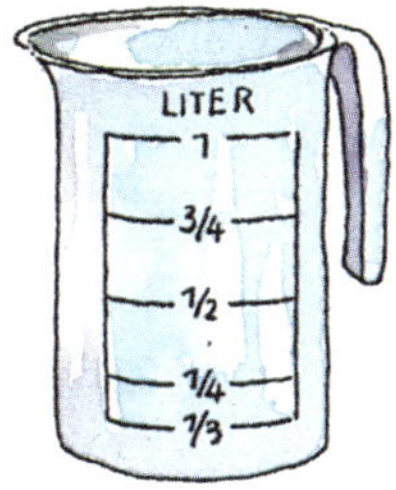

2 Messen

Du solltest mit den Messgeräten (→ S. 148/149) umgehen können. Miss genau und beachte die Einheiten.

Übungen

1 Untersuche Gegenstände aus deinem Zimmer.

a) Miss ihre Länge (Breite, Höhe) und wiege sie.

b) Ordne die Gegenstände nach Gewicht.

2 Ermittle mit dem Fahrradtacho eine Strecke von 1 km. Wie lange brauchst du zu Fuß (mit dem Rad, mit Inline-Skates)? Benütze eine Stoppuhr.

3 Größen schätzen

Beim Schätzen helfen Vergleichsgrößen (→ S. 152 ff.).

Beispiel: Wie schwer ist der Rucksack?

- Vergleichsgröße: 1 Liter Milch wiegt 1 kg.
- Ich schätze, der Rucksack ist so schwer wie 5 Liter Milch. Also ungefähr 5 kg.

Übung

Schätze. Überprüfe deinen Schätzwert dann mit einer Messung.

a) Wie lang brauchst du für deinen Schulweg?

b) Schätze Länge und Gewicht von Gegenständen aus deinem Zimmer.

4 Rechnen mit Zeit

▶ **BEACHTE** den Unterschied zwischen **Zeitpunkt** und **Zeitspanne**.

Beispiele:

Zeitpunkte: 7.15 Uhr; 3. März 2006; gestern.

Zeitspannen: 1 Jahr; 3 h; 15 min 30 s;
„Von 9.20 Uhr bis 12.50 Uhr."

■ Zeitspannen:

▶ Zum Umrechnen von Stunden, Minuten und Sekunden multipliziert (dividiert) man mit 60.

Beispiel: 3 min 5 s = (3 · 60 s) + 5 s = 185 s

▶ Wie lange dauert der Ausflug?

Abfahrt: 8.50 Uhr Zurück: 12.25 Uhr

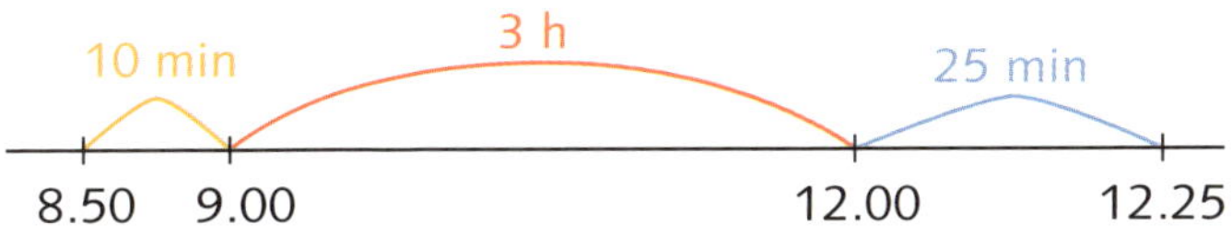

10 min + 3 h + 25 min = 3 h 35 min

Übungen

1 Berechne die Dauer.

8.15 Uhr bis 9.20 Uhr; 12.35 Uhr bis 17.03 Uhr

2 Wandle um in Stunden und Minuten.

Beispiel: 70 min = 1 h 10 min

240 min; 180 min; 72 min; 150 min; 90 min; 2 Tage

5 Rechnen mit Geld

■ Gebräuchliche Schreibweisen:

3 € 99 ct; 3,99 €; 399 ct; –,99 €; 0,99 €.

Am häufigsten ist die **Kommaschreibweise**. Dabei trennt das Komma die Euro von den Cent.

1 € 99 ct = 1,99 € Sprich: „1 Euro 99 Cent".

■ Umwandeln von Cent in Euro und umgekehrt:

a) 3,08 € umwandeln in Cent: 3,08 € = 308 ct

b) 11,01 € umwandeln in Euro und Cent:

11,01 € = 11 € 1 ct

c) 5 ct umwandeln in Euro: 5 ct = 0,05 €

FEHLERQUELLE 1 ct = 0,01 €.
Vergiss nicht die Null an der 10-Cent-Stelle.

■ Vergleichsgrößen:

10 ct	Lolli	15 €	Musik-CD
50 ct	Packung Kaugummi	500 €	Computer

Übungen

1 Wandle um in Euro und schreibe mit Komma.

134 ct; 3 € 71 ct; 10 € 4 ct; 1 007 ct

2 Schreibe das Ergebnis in Euro.

a) 56,35 € + 17,95 € b) 100 € – 35,79 €

c) 5,13 € + 3 € + 200 ct d) 20 € – 50 ct – 1,20 €

6 Rechnen mit Längen

■ Gebräuchliche Schreibweisen:

gemischt	*eine Einheit*	*mit Komma*
5 cm 3 mm	= 53 mm	= 5,3 cm
3 m 4 cm	= 3**0**4 cm	= 3,**0**4 m
5 km 8 m	= 5 **00**8 m	= 5,**00**8 km

▶ **BEACHTE** die **Null(en)** beim Umwandeln aus der gemischten Schreibweise.

■ Umwandeln von Längenangaben:

1 km = 1 000 m; 1 m = 100 cm; 1 cm = 10 mm

■ Vergleichsgrößen:

CD (Dicke)	Daumen (Breite)	Hand-spanne	Bett (Breite)	Fußballfeld (Länge)
		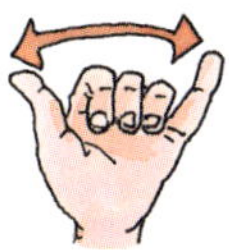		
1 mm	1 cm	10 cm	1 m	100 m

Übung

■ **Schreibe mit Komma, wenn nötig. Wandle um**

a) in cm: 4 cm 3 mm; 5,50 m; 10 m 5 cm,

b) in m: 35 m 18 cm; 1 m 1 cm; 2,355 km,

c) in km: 7 534 m; 100 050 m; 400 800 cm.

7 Rechnen mit Gewichten

■ Gebräuchliche Schreibweisen:

gemischt	*eine Einheit*	*mit Komma*
5 kg 300 g	= 5 **300** g	= **5,3** kg
2 t 456 kg	= 2 456 kg	= 2,456 t ≈ 2,**5** t
$\frac{1}{2}$ kg	= 500 g	= 0,5 kg

▶ **BEACHTE** Bei der Komma-Schreibweise wird häufig **gerundet**. Bei der Schreibweise mit Komma kann man **Nullen am Ende** weglassen.

FEHLERQUELLEN

▶ Denke beim Umwandeln einer Komma-Angabe an mögliche **Nullen am Ende**.

Beispiele: 17,2 t = 17 **200** kg; 1,55 kg = 1 55**0** g.

▶ Denke an mögliche Nullen beim Umwandeln einer gemischten Einheit.

Beispiel: 6 kg 23 g = 6 **0**23 g = 6,**0**23 kg

■ Vergleichsgrößen:

5 g	Blatt Papier	10 kg	Wassereimer
100 g	Tafel Schokolade	100 kg	großer Mann
1 kg	Packung Milch	1 t	Auto

Übung

■ **Wandle um in kg.**

125 g; 8 kg 3 g; 12 045 g; 40 t 765 kg; 1,7 t

8 Rechnen mit Hohlmaßen

■ Gebräuchliche Schreibweisen:

gemischt	*eine Einheit*	*mit Komma*
1 l 300 ml	= 1 300 ml	= 1,3 l
3 l 423 ml	= 3 423 ml	= 3,423 l ≈ 3,4 l

▶ **BEACHTE** Hohlmaße werden oft mit Bruchzahlen angegeben:

$\frac{1}{4}$ l = 250 ml = 0,25 l

$\frac{1}{2}$ l = 500 ml = 0,5 l

$\frac{3}{4}$ l = 750 ml = 0,75 l

■ Vergleichsgrößen:

Tropfen	Trinkglas	Milch	Eimer	Badewanne

1 ml	200 ml	1 l	10 l	100 l

Übungen

1 Wandle um

a) in ml: 4,331 l; 5 l 50 ml; 23,5 l; $\frac{3}{4}$ l,

b) in l: 500 ml; 23 ml; 2 805 ml.

2 In den Gartenteich passen 3 300 l Wasser. Durch den Wasserschlauch fließen 40 l pro Minute.

a) Wie lange dauert es, bis der Teich gefüllt ist?

b) Wie oft könntest du mit der Wassermenge baden?

TEST

1 Wandle um in Minuten und Sekunden.

65 s; 120 s; 333 s; 1 000 s; 1 h

2 In der Friedrich-Schule beginnt der Unterricht um 7.45 Uhr. Vormittags sind 6 Stunden Unterricht. Jede Schulstunde dauert eine $\frac{3}{4}$ h. Die Pausen dauern jeweils 10 min. Berechne Beginn und Ende jeder Unterrichtsstunde.

3 Schreibe das Ergebnis mit Komma, wenn nötig.

a) 5 m 18 cm + 34 cm
b) 20 cm 8 mm + 1,8 cm
c) 783 m + 4 km
d) 57,3 cm + 17 mm + 0,1 m
e) 125 ml + 1,5 l
f) 2 500 ml + 5 l 78 ml
g) $\frac{1}{2}$ l + $\frac{1}{4}$ l
h) 5 kg + 23 kg
i) 3 t + 2 kg
j) 15 t 83 kg + 1 735 kg

4 Berechne die fehlenden Angaben.

TIPP Gesamtgewicht = Leergewicht + Zuladung

Fahrzeug	Gesamt-gewicht	Leer-gewicht	Zuladung
Auto	1,868 t		448 kg
Linienbus	18 000 kg	11,1 t	
LKW		24,6 t	15 400 kg

5 Weitsprung: Nico springt 323 cm. Markus springt 43 cm kürzer als Nico. Selina übertrifft Markus um 14 cm.
Wie weit sind Markus und Selina gesprungen?

Lösungen

Seite 91 oben Übung

a) 834 b) 235 c) 266

Seite 91 unten Übungen

1. 724 + 100 = 824; 724 + 10 = 734; 724 + 1 = 725
2. Möglich sind: 823; 733; 814; 715; 634; 625.

Seite 92 Übung

a) Zehnerzahlen.

b) Zahlen mit 9 Einern.

c) Immer + 11

d) Ja. Begründung: Eine der beiden Zahlen ist immer gerade und eine ungerade.
Und: Gerade Zahl + ungerade Zahl = ungerade Zahl.

e) 39 + 40 = 79

Seite 93 oben Übungen

1. 671 < 716 < 761
2. 571 > 517; 113 < 331; 564 < 645.

Seiten 94/95 Übungen

1. a) Das Doppelte: 80; 100; 180. Die Hälfte: 20; 25; 45.
   b) Das Doppelte: 400; 1 000; 1 400. Die Hälfte: 100; 250; 350.
2. a) Das 10fache: 20; 90; 720; 460.
   Das 100fache: 200; 900; 7 200; 4 600.
   b) Das 10fache: 8 460; 2 870; 5 600.
   Das 100fache: 84 600; 28 700; 56 000.
3. 2; 20; 200; 2 000; 20 000; 200 000; 2 000 000; 11; 101; 1 001; 10 001; 100 001; 1 000 001; 110; 1 010; 10 010; 100 010; 1 000 010; 1 100; 10 100; 100 100; 1 000 100; 11 000; 101 000; 1 001 000; 110 000; 1 010 000; 1 100 000

Seite 96 unten Übung

770 171 > 770 077 > 707 770 > 71 777 > 70 707 > 17 777 > 7 017.

Seite 98 Übungen

1.

	314	
100		214
77	23	191

2.

$3 \cdot 6 = 18$
$6 \cdot 3 = 18$
$18 : 6 = 3$
$18 : 3 = 6$

3. a) $50 - 26 - 9 = 15$
$50 - (26 - 9) = 33$

b) $(66 - 30) : 6 = 6$
$66 - 30 : 6 = 61$

c) $7 + 8 + 9 = 24$
$7 + (8 + 9) = 24$

d) $25 + 5 \cdot 9 - 3 = 67$
$(25 + 5) \cdot (9 - 3) = 180$

Bei a), b) und d) verändert sich das Ergebnis durch die Klammern, bei c) bleibt es gleich.

Seite 99 Übung

2. a) 730 (Hilfsaufgabe $53 + 20 = 73$)
b) 270 (Hilfsaufgabe $36 - 9 = 27$)
c) 210 (Hilfsaufgabe $7 \cdot 3 = 21$)
d) 80 (Hilfsaufgabe $64 : 8 = 8$)

Seite 101 Übungen

a) 24 000; 69 000; 37 000
b) 40 000; 400 000; 6 000

Seite 105 Übungen

	a)	b)	c)	d)	e)	f)
1.	387	600	1 207	743	289	246
2.	112	104	581	840	3 256	2 835
3.	16	77	97	114	24 R 2	22 R 5

Seite 106 oben Übungen

1. a) immer 768
b) 450; 459; 468; 477

2. a) 1. Summand immer +10; 2. Summand immer –10;
Das gleicht sich aus, daher: Summe bleibt immer gleich.

b) Minuend immer +10; Subtrahend immer +1;
Das bedeutet für die Differenz: immer (+10) – (+1) = +9.

Seite 106 unten Übung

a) 4; 14; 12; 22; 20; 30; 28; 38; 36; 46.
b) 1; 2; 4; 8; 16; 32; 64; 128; 256; 512.

Seite 108 Übungen

2. a)

	5	8	6
+	2	3	4
	1	1	
	8	2	0

b)

	4	2	8
+	5	6	3
		1	
	9	9	1

Seite 112 Übungen

1. a)

	7	7	6
–	3	4	4
	4	3	2

b)

	6	1	7
–	4	3	9
	1	1	
	1	7	8

2. a) 86 b) 34 061

Seite 115 Übungen

1. a) 6 464 b) 22 335 c) 2 989
d) 14 195 e) 52 605 f) 222 138
2. a) 526 · 4 = 2 104 b) 364 · 21 = 7 644
3. a) 40 055 b) 327 · 56 = 16 350 + 1 962 = 18 312

Seite 119 Übungen

1. a) 112 b) 1 298 c) 1 135
d) 15 077 e) 30 086 f) 7 668 R 1
2. a) 1 052 b) 1 801 c) 3 007
d) 3 067
3. b) Das Ergebnis ist gleich der gewählten mittleren Zahl.
c) Das Ergebnis ist immer gleich der gewählten mittleren Zahl.

Seite 122 Test

1. a) (175 + 125) + 387
   300 + 387 = 687

   b) (5 · 2) · 7
   10 · 7 = 70

   c) (270 – 70) + 356
   200 + 356 = 556

   d) 74 000 + □ = 80 000
   74 + 6 = 80
   74 000 + 60 000 = 80 000

   e) 99 · 7
   100 · 7 – 7
   700 – 7 = 693

   f) 24 000 : 600
   240 : 6 = 40
   24 000 : 600 = 40

2. a) 100 · 7 = 700 b) 92 + 56 = 148 c) 300 : 10 = 30
   d) 15 : 2 = 7 R 1 e) 152 + 50 = 202 f) 176 – 74 = 102

3. a) 668 b) 1 072 c) 414 d) 696 e) 768 f) 121
   g) 1 449 h) 215 i) 118 R 2

4. a) 1; 4; 7; 10; 13; 16; 19; 22. Vorschrift: immer + 3.
   b) 999; 887; 775; 663; 551; 439; 327; 215; 103.
   Vorschrift: immer – 112.
   c) 10; 20; 15; 25; 20; 30; 25; 35; 30; 40; 35; 45; 40; 50.
   Vorschrift: immer abwechselnd + 10 und – 5.

5. a) 781 b) 885 c) 1 122 d) 291 e) 224 f) 356

6. a) 838 b) 981 c) 9 561
   d) 16 056 e) 386 456 f) 377 715
   g) 139 h) 368 i) 8 645
   j) 247 k) 1 035 l) 8 009

Seite 125 oben Beispiele

a) Es gibt 10 verschiedene mögliche Lösungen, z. B.:
45 ct + 70 ct + 23 ct = 1,38 €

b) Es gibt verschiedene mögliche Lösungen, z. B.:
10 Stangensemmeln und 1 Vollkornstange:
10 · 23 ct + 70 ct = 3 €

Seite 126 Übung

Mit den gegebenen Informationen lassen sich nur die Fragen b) und c) beantworten.

b) 650 € + 12 · 46 € = 650 € + 552 € = 1 202 €

c) Ja.

Seite 127 Übung

Beim Überschlagen gibt es immer verschiedene Lösungswege, z. B.:

Baumarkt Fit:	10 · 8 € = 80 €
Fachhandel Grün:	4 · 22,50 € = 90 €
Fliesenmarkt Schlau:	2 · 37,50 € = 75 €

Antwort:

Fliesenmarkt Schlau hat das günstigste Angebot.

Seite 128 Beispiel

Es ist die Zahl 6.

Seite 128 Übungen

1. Hanna ist 3 Jahre alt, ihr Vater 27 Jahre.
2. 4 + 51; 16 + 39; 28 + 27; 40 + 15; 52 + 3

Seite 129 Übungen

1. a) Frankreich: ca. 203 min — Niederlande: 175 min
   Italien: ca. 148 min — Deutschland: 205 min
   b) In den Niederlanden wird am kürzesten ferngesehen, in Italien wird am längsten ferngesehen.

2. a) 2004 turnten die wenigsten Kinder beim SV Rot-Weiß, 2006 die meisten.
   b) 2003: 73 Kinder — 2004: 65 Kinder
   2005: 82 Kinder — 2006: 105 Kinder
   c) 2006 waren es 40 Kinder mehr als 2004.

Seite 131 oben Übungen

1. 102 Kinder der Grundschule sind katholisch.
2. 66 Kinder gehen in eine erste Klasse.
3. Nur in der 3c und der 4a sind mehr Mädchen als Jungen.
4. Z. B.: In welcher Jahrgangsstufe sind die meisten evangelischen Kinder?

Seite 131 unten Übungen

1. Das sind die Zeiten für München aus dem Jahr 2006:

Datum	Sonnen-aufgang	Sonnen-untergang	Länge des Tages
1. Januar	8.05	16.31	8 h 26 min
1. Februar	7.43	17.14	9 h 31 min
1. März	6.56	17.59	11 h 3 min
1. April	6.54	19.44	12 h 50 min
1. Mai	5.57	20.28	14 h 31 min
1. Juni	5.19	21.06	15 h 47 min
1. Juli	5.18	21.18	16 h
1. August	5.50	20.51	15 h 1 min
1. September	6.32	19.56	13 h 24 min
1. Oktober	7.13	18.55	11h 42 min
1. November	6.59	16.56	9 h 57 min
1. Dezember	7.44	16.23	8 h 39 min

2. Der längste Monatserste ist der 1. Juli, der kürzeste der 1. Januar. Der Unterschied beträgt 8 h 49 min.

Seiten 132/133 Beispiel

2. und 3. Schritt:

Lebewesen	Atemzüge pro min	Herzschläge pro min	Herzschläge je Tag
Kind	25	90	129 600
Erwachsener	16	65	93 600
Elefant	8	25	36 000
Meerschweinchen	120	250	360 000
Fledermaus	50	950	1 368 000
Igel wach	20	280	403 200
Igel schlafend	5	18	25 920
Maus	keine Angabe	600	864 000

3. Schritt: Überlegung zur Berechnung der Herzschläge pro Tag: 1 Tag = 24 h = 24 · 60 min = 1 440 min.
Also muss man den Wert „Herzschläge pro Minute" mit 1 440 multiplizieren, um den Wert „Herzschläge je Tag" zu erhalten.
4.Schritt: Für die meisten dieser Lebewesen gilt: Je kleiner das Tier, desto schneller atmet es und umso schneller schlägt sein Herz.
Ausnahmen sind aber die erstaunlich langsame Atmung des wachen Igels und sein schneller Herzschlag, außerdem der schnelle Herzschlag der Fledermaus.

Seite 134 Test

1. a) Das Geld reicht nicht. (Die Ausrüstung kostet insgesamt 41,07 €.)
   b) Nein, er kann sich keinen zusätzlichen Stopper leisten.
2. a) **Rechnung:** 65 ct + 50 ct + 20 ct + 50 ct + 20 ct = 2,05 €
   Antwort: Die Lehrerin muss von jedem Kind 2,05 € einsammeln.
   b) **Rechnung:** 25 · 2,05 € = 25 · 2 € + 25 · 5 ct
   = 50 € + 1,25 € = 51,25 €
   Antwort: Insgesamt werden 51,25 € für Essen und Trinken ausgegeben.
3. a) **1. Schritt:**
   Arbeitszeit: 2 · 34 € = 68 €.
   Motoröl: 4 · 28 € 30 ct = 112 € + 1,20 € = 113,20 €.
   2. Schritt:

Arbeitszeit:	68,– €
Ersatzteile:	158,45 €
Motoröl:	113,20 €
	339,65 €

   Antwort: Das Geld reicht aus.

b) **Mögliche Frage z. B.:** Wie viel Geld bekommt sie zurück?
Rechnung: 500 – 339,65 = 160,35
Antwort: Sie bekommt 160,35 € zurück.

4. a) Die drei größten Klassen:
4a (28 Schüler); 2b und 4c (je 26 Schüler)
Die drei kleinsten Klassen:
3a (19 Schüler); 1c (21 Schüler);
1a und 3b (je 22 Schüler)
b) **Rechnung:** 12 + 12 + 10 = 34.
Antwort: In der Jahrgangsstufe 2 sind 34 Mädchen.
c) **Rechnung:**
Jahrgangsstufe 1: 12 + 14 + 12 = 38
Jahrgangsstufe 2: 13 + 14 + 13 = 40
Jahrgangsstufe 3: 11 + 12 + 11 = 34
Jahrgangsstufe 4: 12 + 14 + 16 = 42
Antwort: Die meisten Jungen sind in der Jahrgangsstufe 4.
d) Diese Frage kann man mit der Tabelle nicht beantworten.

Seite 135 Übung

a) $\overline{AB}$ = 5 cm; $\overline{CE}$ = 2 cm; $\overline{EF}$ = 4 cm.
b) $\overline{AC}$ = $\overline{DF}$
c) $\overline{GH}$ ist genauso lang wie $\overline{AB}$. Also ist $\overline{GH}$ = 5 cm.

Seite 137 unten Muster

Seite 139 oben Beispiele zum Umfang

a) Umfang: 6 Streichhölzer

b) Umfang: 5 Streichhölzer (Das Hölzchen innerhalb der Figur gehört nicht zu ihrem Rand.)

Seite 139 unten Beispiel zum Flächeninhalt

Es werden 32 Korkplatten benötigt.

Seite 141 Übung

a) Würfel, Quader, Pyramide (von unten)

b) Kugel, Zylinder (von oben), Kegel (von unten)

c) Quader, Zylinder (von der Seite)

d) Kegel (von der Seite), Pyramide

Seite 143 Übungen

1. Entfernung auf der Karte: ungefähr 8,5 cm
   Entfernung in der Wirklichkeit: $8{,}5\,\text{cm} \cdot 12\,000 = 1\,020\ \text{m} \approx 1{,}0\,\text{km}$
   Die Staatsoper ist ungefähr 1 km vom Brandenburger Tor enfernt.
2. Länge des kürzesten Wegs auf der Karte: ungefähr 11,5 cm
   Länge in der Wirklichkeit: $11{,}5\,\text{cm} \cdot 12\,000 = 1\,380\ \text{m} \approx 1{,}4\,\text{km}$
   Der kürzeste Weg vom Reichstag zum Konzerthaus ist ungefähr 1,4 km lang.

Seite 144 Übungen

1. Bild 4:

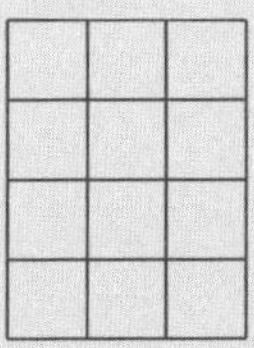

Bild 5:

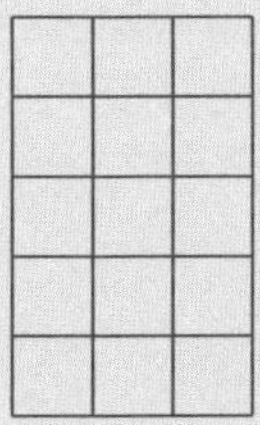

2. 10. Bild: $10 \cdot 3 = 30$ Kästchen
   20. Bild: $20 \cdot 3 = 60$ Kästchen
3. Nein. Begründung: Das 33. Bild hat 99 Kästchen, das 34. Bild hat 102 Kästchen.

Seite 145 oben

Gebäude a) gehört zu Bauplan C).
Gebäude b) gehört zu Bauplan A).
Gebäude c) gehört zu Bauplan B).

Seite 145 Übung

a) 12 Würfel b) 12 Würfel c) 21 Würfel

Seite 147 Test

1. parallel zueinander: a)
   senkrecht aufeinanderstehen: c)
2. 11 Würfel sind übrig.
3. a) In grün sind die Symmetrieachsen eingezeichnet.

   b) I, H und S sind drehsymmetrisch.
   In rot sind die Drehpunkte eingezeichnet.

Seite 151 Übungen

1. 1 h 5 min; 4 h 28 min
2. 4 h; 3 h; 1 h 12 min; 2 h 30 min; 1 h 30 min; 48 h

Seite 152 Übungen

1. 1,34 €; 3,71 €; 10,04 €; 10,07 €
2. a) 74,30 € b) 64,21 € c) 10,13 € d) 18,30 €

Seite 153 Übung

a) 4,3 cm; 550 cm; 1 005 cm b) 35,18 m; 1,01 m; 2 355 m
c) 7,534 km; 100,05 km; 4,008 km

Seite 154 Übung

0,125 kg; 8,003 kg; 12,045 kg; 40 765 kg; 1 700 kg

Seite 155 Übungen

1. a) 4 331 ml; 5 050 ml; 23 500 ml; 750 ml.
   b) $\frac{1}{2}$ l; 0,023 l; 2,805 l.
2. a) **Rechnung:** 3 300 : 40 = 82 R 20.
   82 min = 1 h 22 min.
   Rest 20 l. Das dauert $\frac{1}{2}$ min, also 30 s.
   Antwort: Nach 1 h 22 min 30 s ist der Teich gefüllt.
   b) 3 300 : 100 = 33
   Antwort: Mit dieser Wassermenge kann man ungefähr 33-mal baden.

Seite 156 Test

1. 65 s = 1 min 5 s; 120 s = 2 min; 333 s = 5 min 33 s;
   1 000 s = 16 min 40 s; 1 h = 60 min.
2. 1. Stunde 7.45 Uhr – 8.30 Uhr
   2. Stunde 8.40 Uhr – 9.25 Uhr
   3. Stunde 9.35 Uhr – 10.20 Uhr
   4. Stunde 10.30 Uhr – 11.15 Uhr
   5. Stunde 11.25 Uhr – 12.10 Uhr
   6. Stunde 12.20 Uhr – 13.05 Uhr
3. a) 5,52 m b) 22,6 cm c) 4,783 km d) 69 cm
   e) 1,625 l f) 7,578 l g) 0,75 l h) 28 kg
   i) 3,002 t j) 16,818 kg
4.

Fahrzeug	Gesamtgewicht	Leergewicht	Zuladung
Auto	1,868 t	1,42 t	448 kg
Linienbus	18 000 kg	11,1 t	6,9 t
LKW	40 t	24,6 t	15 400 kg

5. Markus: 2,80 m; Selina: 2,94 m

Englisch

3./4. Klasse

Inhaltsverzeichnis

Numbers and colours (Zahlen und Farben)

1 Numbers (Zahlen) 172
2 Colours (Farben) 174
3 Lesetext 175

My family (Meine Familie)

1 Familienmitglieder auf Englisch 177
2 Regelmäßige englische Pluralformen 178
3 Das Verb sein auf Englisch 179
4 Lesetext 180

My body (Mein Körper)

1 Das Verb haben auf Englisch 181
2 Körperteile auf Englisch 182
3 Einige unregelmäßige Pluralformen 182
Test 184

My pets (Meine Haustiere)

1 Haustiere auf Englisch 185
2 Unregelmäßige Pluralformen 186
3 Die englischen Verben have und have got 188
4 Die Haustiere von Oma Lily 189

My clothes (Meine Kleidungsstücke)

1 Kleidung auf Englisch 190
2 Verneinungen auf Englisch 193
3 Kurzformen und Verneinungen 194
4 Eine Show für Grandma Lily 195

My room (Mein Zimmer)

1 Das Kinderzimmer von Max 197
2 Einige englische Präpositionen 198
Test 200

My school things (Meine Schulsachen)

1 Schulsachen 201

My hobbies (Meine Hobbys)

1 Hobbys und Freizeit 204
2 Dinge mögen, lieben oder hassen 205

My week (Meine Woche)

1 Die Wochentage 207

My food (Mein Essen)

1 Essen und Trinken 209
2 Die dritte Person Singular mit -s 210
Test 213

Lösungen 216

Stichwortverzeichnis 220

Numbers and colours
(Zahlen und Farben)

1 Numbers (Zahlen)

Kennst du schon die englischen Zahlen 1 bis 10?
Hier sind sie. Wenn du zur Aussprache Fragen hast, kann vielleicht dein(e) Lehrer(in) helfen.

Übung

■ **Schau dir zuerst die Bilder an. Dann benutze die Information und schreibe die richtigen Zahlen auf Englisch auf einen Zettel.**

1 Max has ___ inline skates.
2 Millie has ___ teddies.
3 Max has ___ hamster and ___ fish.
4 Millie has ___ CDs and ___ videos.

2 Colours (Farben)

Hier geht es um Farben auf Englisch. Manche Farben klingen so ähnlich wie auf Deutsch.

SPRACHINFO

Kein der/die/das auf Englisch – nur the.

Ein Glück! Auf Englisch gibt es kein der, die, das. Man sagt immer the.

Beispiel:

der Hamster	the hamster
die Pizza	the pizza
das Sofa	the sofa

3 Lesetext

Max hat gerade ein Problem. Lies die Geschichte.

Max has a problem

Here is Max. Max has a problem. His problem is a brown hamster. The hamster's name is Sam. He is on Max's pizza! Oh, Sam! Red pizza on Max's blue jeans! Now Max has two problems. Oh, Sam! Red pizza on the white sofa! Now Max has three problems. Oh, no! A black cat! Now Sam has a problem!

Übung

Die Bilder zur Geschichte sind alle durcheinander. Findest du die richtige Reihenfolge?

Schreibe die richtige Reihenfolge auf einen Zettel.

SPRACHINFO

Kein ein, eine, einer usw. auf Englisch nur a, an

In der englischen Sprache gibt es kein ein/eine usw. Man sagt einfach a.

Beispiel:

Ich habe einen Hamster — I have a hamster.

Aber wenn das Wort mit einem Vokal anfängt, sagt man an.

Beispiel:

Hier ist eine Orange. — Here is an orange.

Leichter kann das wirklich nicht sein!

Übung

Max ist nicht nur ein deutscher Name, sondern auch ein englischer. Welche anderen Wörter aus diesem Kapitel sind auf Deutsch und Englisch gleich?
Schreibe sie auf einen Zettel.

My family (Meine Familie)

1 Familienmitglieder auf Englisch

Hier siehst du die Familie von Max.

Übung

■ Lies die die folgenden Sätze durch. Du musst nicht jedes Wort verstehen. Sind die Sätze richtig oder falsch? Schreibe *yes* (ja) auf einen Zettel, wenn der Satz stimmt und *no* (nein), wenn er nicht stimmt. Ein Hinweis: Die richtigen Anworten findest du im Familienbaum auf Seite 177.

1 Max has two sisters: Millie and Mary.
2 Max and Millie have two grandmas and two grandpas.
3 Max's mother has a brother. He is Max's uncle.
4 Max's dad has a sister. She is Max's aunt.
5 Max has two uncles and two aunts.
6 Max and Millie are brother and sister.

2 Regelmäßige englische Pluralformen

Auf Englisch werden Pluralformen häufig mit -s gebildet.

Beispiel:

one sister	two sisters
one grandpa	two grandpas

Schau dir noch mal die Sätze der Übung oben auf dieser Seite an. Dort kommen andere Pluralformen vor. Findest du sie?

3 Das Verb **sein** auf Englisch

Hier siehst du, wie das Verb sein auf Englisch aussieht. Wenn du Fragen hast zur Aussprache, kann vielleicht dein(e) Lehrer(in) helfen.

I am	ich bin
you are	du bist / Sie sind
he is	er ist
she is	sie ist
it is	es ist
we are	wir sind
you are	ihr seid
they are	sie sind

SPRACHINFO

Kein du oder Sie auf Englisch, nur you.

Vielleicht hast du beim Verb sein bereits gemerkt, dass man auf Englisch du und Sie nicht unterscheidet. Egal mit wem man spricht, man sagt immer nur you. Auch wenn man mit mehreren spricht, sagt man you.

Beispiel:

Du bist Englisch.	You are English.
Sie sind Englisch.	You are English.

Da musst du dir wenigstens nur ein Wort merken!

Übungen

1 Welches Wort passt in welche Lücke? Schreibe auf einen Zettel.

am is are is are

1 I am Max. I ___ ten.
2 She is Millie. She ___ Max's sister.
3 Max has a mountain bike. It ___ black and red.
4 I have three hamsters. They ___ brown, white and black.
5 Hey, Max! You ___ cool!

2 Wenn du Lust hast, kannst du hier die fünf Sätze der vorherigen Übung übersetzen. Schreibe auf einen Zettel.

4 Lesetext

Max Morrison's family

Hello! My name is Max Morrison.
I am ten and I am from England.
My mother is from Berlin, in Germany.
Her name is Sabine and she is German.
My dad is English. I am English and German! I have one German grandma – Oma Sigi. She is my mum's mum. My grandma Lily is my dad's mum, and my grandpa Fred is my dad's dad. They are English. I have one sister – Millie. She is five. She is OK. And you?

My body (Mein Körper)

1 Das Verb haben auf Englisch

Hier siehst du, wie das Verb haben auf Englisch aussieht. Wenn du Fragen hast zur Aussprache, kann vielleicht dein(e) Lehrer(in) helfen.

I have	ich habe
you have	du hast / Sie haben
he has	er hat
she has	sie hat
it has	es hat
we have	wir haben
you have	ihr habt
they have	sie haben

MERKE DIR!

Manchmal ist Englisch wirklich leichter als Deutsch! Hier musst du dir nur merken, dass bei he, she und it has hinkommt und bei allen anderen have.

2 Körperteile auf Englisch

Hier siehst du die Körperteile auf Englisch. Wenn du Fragen hast zur Aussprache, kann vielleicht dein(e) Lehrer(in) helfen.

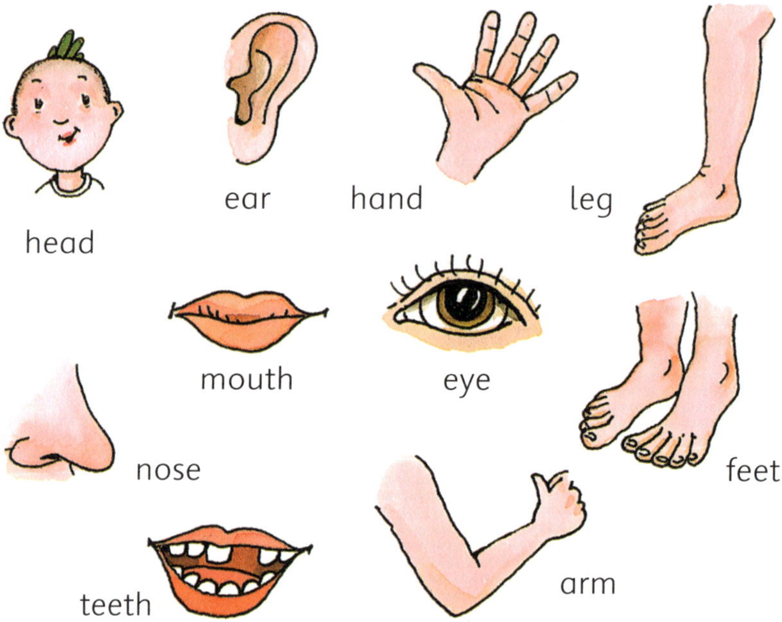

3 Einige unregelmäßige Pluralformen

Manche englische Pluralformen sind unregelmäßig. Man hängt also nicht einfach ein -s hintenan, sondern das Wort verändert sich. Diese besonderen Wörter lernst du am besten auswendig.

tooth (der Zahn)	teeth (die Zähne)
foot (der Fuß)	feet (die Füße)

Übung

Lies die folgenden Sätze und ordne sie den richtigen Bildern zu.

E

C

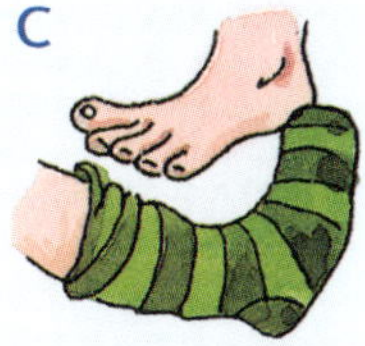

1 Three black heads in a nest!

2 This man has one eye.

F

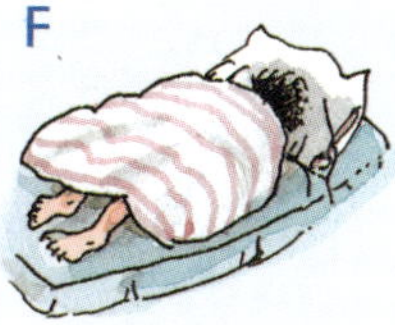

A

3 The baby has a green mouth!

4 Dad has a red nose!

G

H

5 One green sock and one foot.

6 Two feet in the bed!

D

B

7 Two big black arms. It's a gorilla!

8 My pony has white teeth.

TEST

1 Weißt du wie diese Zahlen auf Englisch heißen? Dann schreibe die Übersetzung auf einen Zettel.

1 neun 2 drei 3 sieben
4 fünf 5 zwei

2 Wie heißen diese Farben auf Englisch? Schreibe deine Antwort unter den entsprechenden Farbklecks.

1 ________

2 ________

3 ________

4 ________

5 ________

3 Hier geht es um Familienmitglieder. Aber welche? Bringe die Buchstaben in die richtige Reihenfolge. Schreibe auf einen Zettel.

1 amdgarn

2 romhte

3 ressit

4 reahtf

5 reobrht

My pets (Meine Haustiere)

1 Haustiere auf Englisch

Hier siehst du die vielen Haustiere von Oma Lily.

2 Einige unregelmäßige Pluralformen

Hier sind noch drei Wörter mit unregelmäßigen Pluralformen. Sie werden nicht gebildet, indem wir ein -s hinten an das Wort hängen, sondern die Form ist im Singular und im Plural gleich, wie bei fish. Oder die Endung verändert sich, wie bei pony, und wird zu ponies. Die dritte Möglichkeit siehst du am Beispiel mouse, es wird im Plural zu einem anderen Wort, nämlich mice.

Beispiel:

Singular	**Plural**
fish (der Fisch)	fish (die Fische)
pony (das Pony)	ponies (die Ponys)
mouse (die Maus)	mice (die Mäuse)

TIPP!

Am besten lernst du diese Beispiele auswendig.

Übungen

1 Zwei Beine, vier Beine oder gar keine Beine? Schreibe die Tiere in die richtige Tabelle.

hamster bird pony cat

dog mouse fish rabbit

pets with two legs	pets with four legs	pets with no legs
______	______	______
______	______	______
______	______	______
______	______	______
______	______	______
______	______	______

2 Welches Tier passt hier nicht in die Reihe? Viel Glück beim Puzzeln.

1	rabbit	fish	dog	cat
2	bird	cat	dog	pony
3	hamster	rabbit	mouse	dog

3 Die englischen Verben have und have got

Das englische Verb have (haben) kennst du bereits. Auf Englisch sagt man oft auch have got, wenn man irgendetwas besitzt. Es bedeutet genau das Gleiche.

Beispiel:

I have got a hamster. I have a hamster.	Ich habe einen Hamster.
She has got a dog. She has a dog.	Sie hat einen Hund.
They have got two mice. They have two mice.	Sie haben zwei Mäuse.

Übung

Schau dir noch mal das Bild von Grandma Lily und ihren Haustieren an. Dann lies dir die folgenden Sätze durch. Sind sie richtig oder falsch?

		yes	no
1	Grandma Lily has got three brown dogs.	☐	☐
2	She has got one fish.	☐	☐
3	She has got two yellow birds.	☐	☐
4	She has got one white cat.	☐	☐
5	She has got two black ponies.	☐	☐
6	She has got three mice.	☐	☐

4 Die Haustiere von Oma Lily

Schau dir das Bild von Oma Lily und ihren Haustieren auf Seite 184 an. Hier kannst du lesen, worüber sie und Max gerade sprechen.

Max: I've got one pet – Sam, my hamster.
And you've got ten pets, grandma.
Lily: Ten pets? Hmmm. I've got one dog,
one cat, one pony ...
Max: That's three pets.
Lily: A rabbit ...
Max: Yes. That's four pets.
Lily: Two birds ...
Max: Six pets!
Lily: And I've got three fish. That's nine pets, Max.
Max: And this pet here ...
Lily: Ahhhh! A mouse!

Übung

■ Kannst du folgende Fragen zur Geschichte beantworten? Schreibe auf einen Zettel.

1 Wie viele Haustiere hat Grandma Lily wirklich?
2 Welches Tier ist gerade zu Besuch?

My clothes
(Meine Kleidungsstücke)

1 Kleidung auf Englisch

Hier sind die englischen Wörter für Kleidungsstücke.

dress

shirt

trousers

skirt

socks

T-shirt

pullover

shoes

Schuluniform in Großbritannien

Übrigens, englische Kinder dürfen nur ganz selten ihre normale Kleidung zur Schule tragen. Die meisten Schulen haben eine Art Schuluniform. Obwohl manche Kinder noch Hemd und Krawatte tragen müssen, ist nicht jede Schule so streng. Viele Kinder tragen heutzutage einen Schulpullover mit Hose oder Rock in einer Farbe, die von der Schule bestimmt wird. Eins ist jedoch klar, mit Jeans darf man nicht in die Schule!

SPRACHTIPP

Übrigens, obwohl das Wort Hose auf Deutsch im Singular benutzt wird, benutzt man auf Englisch immer den Plural, weil die Hose zwei Beine hat. Das englische Wort für Hose trousers wird immer im Plural benutzt.

Beispiel:

	Meine Hose ist blau.
Falsch:	~~My trousers is blue~~.
Richtig:	My trousers are blue.

Übung

Hier sind die englischen Wörter durcheinander. Weißt du, wie sie richtig geschrieben werden?

1

r s i
h t

____

2

e u r t
s r s o

____

3

r s i
h t T-

____

4

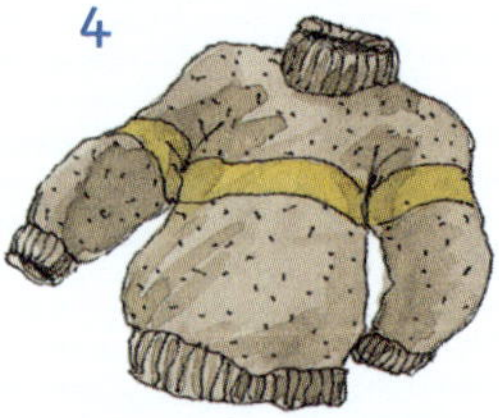

v l r o
p e l u

____

5

k s s
o c

____

6

r s e
s d

____

7

k s i
r t

____

8

o s
h e s

____

2 Verneinungen auf Englisch

Um einen englischen Satz zu verneinen, benutzt man das Wort not.

Beispiel:

Mein Hamster ist nicht braun.
My hamster is not brown.

Mein T-shirt ist nicht weiß.
My T-shirt is not white.

Meine Schuhe sind nicht blau.
My shoes are not blue.

Übung

Was passt in die Lücke: is oder is not?

1 Max ___ Millie's brother.
2 Max ___ four. He is ten!
3 Sam is not a black hamster. He ___ brown.
4 Millie ___ Max's mum. She is Max's sister.
5 Sam ___ Max's dad. He is Max's hamster.

3 Kurzformen und Verneinungen

Hier findest du einige Kurzformen und Verneinungen, die du auf Englisch bereits kennen gelernt hast. Man kann beide Formen benutzen, aber in England hört man sehr häufig die Kurzformen. Wenn du Fragen hast zur Aussprache, kann vielleicht dein(e) Lehrer(in) helfen.

Beispiel:

Ich bin	I am	I'm
Ich bin nicht	I am not	I'm not
Sie ist	she is	she's
Sie ist nicht	she is not	she isn't
Er ist	he is	he's
Er ist nicht	he is not	he isn't
Es ist	it is	it's
Es ist nicht	it is not	it isn't

Übung

Was passt in die Lücken?
Schreibe auf einen Zettel.

isn't She's I'm isn't He's

1 This is Lily. ___ Max's grandma.
2 Hello! I'm Millie! ___ Max's sister.
3 Nils ___ Max's dad.
4 This is Max. ___ Millie's brother.

4 Eine Show für Grandma Lily

Max und Millie wollen für Grandma Lily eine Show machen und haben sich extra dafür verkleidet.

Here is Millie. She's in mum's green dress. She has her pink ballet skirt for feet. Millie is from Mars! Super idea! And here's Max in dad's brown pullover. He's a monster. He has dad's blue, yellow, red and green socks for extra arms! Cool idea, Max! 'Ahhhh!' Oh! That's grandma! It's OK, grandma. It isn't a monster. It's Max. 'Ahhhhh! What's in my shoe? It's brown! Is it a mouse?!' No! It's OK, grandma. It isn't a mouse! It's Sam, Max's hamster!

Übungen

1 Lies dir die Geschichte „Eine Show für Grandma Lily" noch mal durch. Unterstreiche die 6 Kleidungsstücke rot und die 2 Körperteile gelb.

2 Kannst du folgende Fragen zur Geschichte beantworten? Schreibe auf einen Zettel.

1 Wer hat geschrien?

2 Wo war die Maus angeblich?

3 Was hat die Oma wirklich gesehen?

3 Lies dir folgende Sätze durch. Welches Bild passt zu welchem Satz?

C

A

F

B

E

D

1 This hamster isn't black. It's brown.

2 She's Max's sister.

3 This isn't Max's dress!

4 I'm not Millie! I'm Max.

5 She isn't Max's mum. She's his grandma.

6 This isn't my T-shirt. My T-shirt is green!

1 ___ 2 ___ 3 ___ 4 ___ 5 ___ 6 ___

My room (Mein Zimmer)

1 Das Kinderzimmer von Max

Hier lernst du das Kinderzimmer von Max kennen.

Übungen

1 Schau dir nochmal das Zimmer von Max an und lies dir dann die Sätze durch. Welches Wort passt in welche Lücke? Schreibe auf einen Zettel.

table desk wardrobe bed shelf chair

1 Max has a brown ___ for his computer.
2 He has an orange ___ by his desk.
3 He has ten CDs on the red ___
4 Max's clothes are all in the ___
5 Max's best teddy is on his ___
6 He has a yellow lamp on the ___ by his bed.

2 Kennst du diese Wörter auf Englisch? Schreibe auf einen Zettel.

1 auf 2 in 3 neben

2 Einige englische Präpositionen

Präpositionen sind Wörter, die dir sagen, wo sich Dinge befinden.

Beispiel:

on the table	auf dem Tisch
by the bed	neben dem Bett
under the chair	unter dem Stuhl
behind the lamp	hinter der Lampe
in the room	im Zimmer

Übungen

1 Wo befindet sich Sam genau? Welches Bild passt zu welchem Satz?

1 Sam is under the bed.
2 Sam is on the desk, behind the computer.
3 He's in Max's wardrobe!
4 Sam is on the shelf, by the CDs.
5 Oh, no! Sam is by the door!
6 Here is Sam. He's on Max's hand.

2 Wenn du Lust hast, kannst du die sechs Sätze der vorherigen Übung übersetzen. Schreibe auf einen Zettel.

TEST

1 Hier geht es um Kleidung. Das Kreuzworträtsel kannst du sicher ganz leicht lösen.

2 Weißt du, welches Bild zu welchem Wort passt? Dann verbinde beide mit einem Strich.

1 2 3 4 5

bird *cat* *mouse* *dog* *rabbit*

My school things
(Meine Schulsachen)

1 Schulsachen auf Englisch

Hier siehst du die Schulsachen von Max.

schoolbag

book

pencil-case

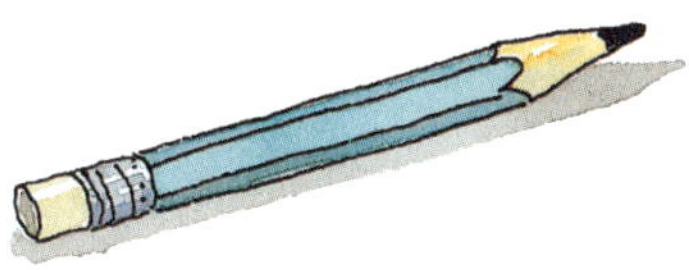

pencil

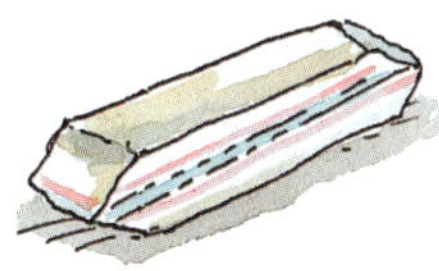

rubber

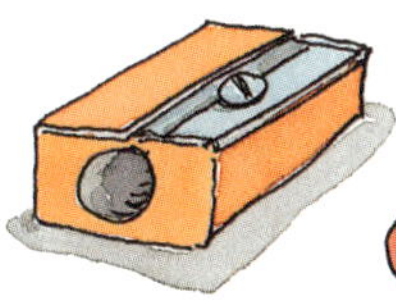

pencil-sharpener

felt-tip

lunch box

Schule in Großbritannien

Übrigens, wenn du in England zur Schule gehen würdest, könntest du morgens etwas länger schlafen, denn dort fängt die Schule erst um neun an. Du müsstest aber auch bis Viertel nach drei dort bleiben. Das ist bei englischen Grundschulen ganz normal.

Übungen

1 Was gibt es in deiner Schultasche und in deinem Federmäppchen? Schreibe auf einen Zettel.

I have ___ in my schoolbag.

I have ___ in my pencil-case.

2 Hier hast du Platz zu malen, was du oben hingeschrieben hast. Schreibe den entsprechenden englischen Begriff (wie *pencil-case, felt-tips* usw.) daneben.

3 Welches Wort passt in welche Lücke?

lunch box felt-tips

schoolbag rubber book

1 Oh, no! Sam has Max's ___ in his mouth!
2 Max has a cool green ___. It's on the chair.
3 Red, blue, green, orange, yellow and black – Max has six ___.
4 Max has one sandwich and a banana in his ___.
5 Max has a red English ___. It's by the computer.

My hobbies (Meine Hobbys)

1 Hobbys und Freizeit

Hier geht es um die Dinge, die du in deiner Freizeit machen kannst. Wenn du Fragen hast zur Aussprache, kann vielleicht dein(e) Lehrer(in) helfen.

swimming

reading

playing football

watching TV

riding my bike

riding my pony

2 Dinge mögen, lieben oder hassen

Hier siehst du, wie man sagt, ob man etwas mag oder nicht. Wenn du Fragen hast zur Aussprache, kann vielleicht dein(e) Lehrer(in) helfen.

Beispiel:

ich mag	I like
ich mag nicht	I don't like
ich hasse	I hate
ich liebe	I love

Übungen

1 Verbinde diese Ausdrücke mit dem richtigen Gesichtsausdruck.

D

1 I hate

A

2 I love

C

3 I like

B

4 I don't like

2 **Was sagen die sechs Kinder zu den folgenden Freizeitaktivitäten? Schau dir die Bilder und Gesichtsausdrücke an und schreib den passenden englischen Satz dazu auf einen Zettel.**

1

2

3

4

5

6

3 **Und wie sieht's bei dir aus? Schreib auf Englisch, was du magst, nicht magst, liebst oder hasst. Wenn du Lust hast, kannst du auch ein Bild dazu malen.**

My week (Meine Woche)

1 Die Wochentage

Hier geht es um die Wochentage auf Englisch. Wenn du Fragen hast zur Aussprache, kann vielleicht dein(e) Lehrer(in) helfen.

Übungen

1 Ergänze das Kalenderblatt, indem du die Wochentage auf Englisch hinschreibst.

2 Was hat Max diese Woche vor? Beantworte die Fragen auf Deutsch.

1 An welchem Tag hat Max Geburtstag?
2 An welchem Tag spielt er Tennis?
3 An welchem Tag schreibt er einen Englisch-Test?
4 An welchem Tag besucht er seine Oma?

My food (Mein Essen)

1 Essen und Trinken

Hier geht es um Dinge, die man isst und trinkt.

Frühstück in Großbritannien

Falls du irgendwann mal in England frühstückst, solltest du Folgendes wissen: Das englische Wort marmelade wird nur für Orangenmarmelade benutzt. Wenn du doch lieber normale Marmelade auf deinem Toast haben möchtest, dann frage lieber nach jam!

2 Die dritte Person Singular mit -s

Auf Englisch hat die dritte Person Singular immer ein -s.

Beispiel:

Max loves pizza.
Grandma Lily hates bananas.
Millie likes Max.

Hier siehst du das Verb love auf Englisch.

I love	ich liebe
you love	du liebst/Sie lieben
he loves	er liebt
she loves	sie liebt
it loves	es liebt
we love	wir lieben
you love	ihr liebt
they love	sie lieben

MERKE DIR!

He, she, it – ein -s muss mit!
Das stimmt natürlich auch für die Wörter, die für he, she, it stehen können:
Max, Grandma Lily, the hamster.

Übungen

1 Wer mag was? Die Bilder helfen dir, die richtige Antwort zu finden. Denke an das *-s* und pass auf, manchmal brauchst du den Plural! Schreibe auf einen Zettel.

love  like  hate 

1 Millie ________  

2 The pony ________  

3 Max ________  

4 The cat ________  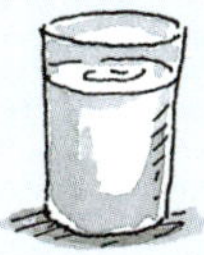

2 Beschreibe das Frühstück von Millie und das Mittagessen von Max. Die Bilder helfen dir dabei. Schreibe auf einen Zettel.

1 Millie has t___ and orange j___ for breakfast.

2 Max has a s___, an o___ j___ and two a___ for lunch.

3 Kannst du raten, welche Lebensmittel hier beschrieben sind? Manchmal brauchst du den Plural! Schreibe auf einen Zettel.

1 It's white. Cats like it.
2 It's red. Millie loves it!
3 They are yellow. Max hates them.
4 They are green. And they are red. And ponies like them.

TEST

1 Hier geht es um Schulsachen. Bringe die Buchstaben in die richtige Reihenfolge.

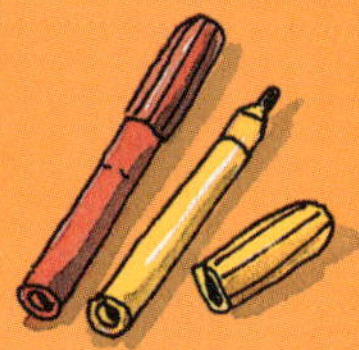

1 reburb   2 gaboshcol   3 lfet-ipt

4 clinep-seca   5 cipenl-hrsrapeen

2 Hier geht es um die Freizeit. Weißt du, welches Bild zu welchem Wort passt? Dann verbinde sie mit einem Strich.

A 

B 

C 

1 swimming
2 watching TV
3 riding my bike
4 reading
5 playing football

D 

E 

TEST

3 Hier geht es um die Wochentage.
Weißt du, welche Buchstaben fehlen?

1 M _ _ day
2 Wedn _ _day
3 Th _ _ sday
4 T_ _sday
5 Sat_ _day

4 Viel Spaß beim Rätseln.

Waagerecht (→): 9 Freitag auf Englisch.

Senkrecht (↓): 1 du/Sie/ihr auf Englisch
5 hinter auf Englisch.
6 wir auf Englisch.
8 mein/meine auf Englisch.

TEST

5 Weißt du, wie Folgendes auf Englisch heißt? Dann schreibe die Übersetzung auf einen Zettel.

1 Butter
2 Marmelade
3 Apfel
4 Banane
5 Milch

6 Hier geht es um Schulsachen. Bringe die Buchstaben in die richtige Reihenfolge.

1 lpecni

2 neves

3 rodo

4 pplea

5 engroa eijuc

7 Weißt du, wie Folgendes auf Englisch heißt? Dann schreibe die Übersetzung hin.

1 acht ________
2 Fisch ________
3 Lampe ________
4 Tante ________
5 auf ________

Lösungen

Unit 1 Numbers and Colours

Seite 173 Übung

1 two, 2 six, 3 one, five 4 eight, four

Seite 175 Übung

Die richtige Reihenfolge ist: 3, 5, 1, 6, 2, 4

Seite 176 Übung

problem, hamster, name, pizza, jeans, sofa

Unit 2 My family

Seite 178 Übung

1 no, 2 no, 3 yes, 4 yes, 5 no, 6 yes

Seite 180 Übungen

1 1 am, 2 is, 3 is, 4 are, 5 are

2 1 Ich bin Max. Ich bin zehn.
2 Sie ist Millie. Sie ist die Schwester von Max.
3 Max hat ein Mountain Bike. Es ist schwarz und rot.
4 Ich habe drei Hamster. Sie sind braun, weiß und schwarz.
5 Hey, Max! Du bist cool!

Unit 2 My body

Seite 183 Übung

1 E, 2 G, 3 D, 4 B, 5 C, 6 F, 7 H, 8 A

Seite 184 Test

1 1 nine, 2 three, 3 seven, 4 five, 5 two

2 1 red, 2 blue, 3 brown, 4 green, 5 yellow

3 1 grandma, 2 mother, 3 sister, 4 father, 5 brother

Unit 4 My Pets

Seite 187 Übungen

1 2 legs: bird
4 legs: rabbit, pony, mouse, cat, dog, hamster
0 legs: fish

2 1 fish (Denn ein Fisch hat gar keine Beine, die anderen haben vier.)
2 bird (Denn ein Vogel hat Flügel, Federn und nur zwei Beine, die anderen nicht.)
3 dog (Denn nur der Hund ist vor einer Katze sicher!)

Seite 188 Übung

1 no, 2 no, 3 yes, 4 yes, 5 no, 6 no

Seite 189 Übung

1 Lily hat 9 Haustiere.
2 Eine kleine Maus ist gerade zu Besuch.

Unit 5 My clothes

Seite 192 Übung

1 shirt, 2 trousers, 3 T-shirt, 4 pullover, 5 socks, 6 dress, 7 skirt, 8 shoes,

Seite 193 Übung

1 is, 2 is not, 3 is, 4 is not, 5 is

Seite 194 Übung

1 She's, 2 I'm, 3 isn't, 4 He's, 5 isn't,

Seite 196 Übungen

1 Here is Millie. She's in mum's green **dress**. She has her pink ballet **skirt** for **feet**. Millie is from Mars! Super idea! And here's Max in dad's black **pullover**. He's a monster. He has dad's blue, yellow, red and green **socks** for extra **arms**! Cool idea, Max! 'Ahhhh!' Oh! That's grandma! It's OK, grandma. It isn't a

monster. It's Max. 'Ahhhhh! What's in my shoe? It's brown! Is it a mouse?!' No! It's OK, grandma. It isn't a mouse! It's Sam, Max's hamster!

2 1 Oma Lily hat geschrien.
2 Die Maus war angeblich in ihrem Schuh.
3 Sie hat den Hamster von Max gesehen.

3 1 B, 2 A, 3 D, 4 F, 5 C, 6 E

Unit 6 My room

Seite 198 Übungen

1 1 desk, 2 chair, 3 shelf, 4 wardrobe, 5 bed, 6 table

2 1 on, 2 in, 3 by

Seite 199 Übungen

1 1 B, 2 A, 3D, 4 F, 5 C, 6 E

2 1 Sam ist unter dem Bett.
2 Sam ist auf dem Schreibtisch, hinter dem Computer.
3 Er ist im Kleiderschrank von Max.
4 Sam ist auf dem Regal, neben den CDs.
5 Oh, nein. Sam ist neben der Tür!
6 Hier ist Sam. Er ist auf der Hand von Max.

Seite 200 Test

1 1 trousers, 2 dress, 3 shirt, 4 skirt, 5 shoes

2 1 mouse, 2 rabbit, 3 dog, 4 cat, 5 bird

Unit 7 My school things

Seite 203 Übung

1 rubber, 2 schoolbag, 3 felt-tips, 4 lunch box, 5 pencil-sharpener

Unit 8 My hobbies

Seite 205/206 Übungen

1 1 D, 2 A, 3 C, 4 B

2 1 I love football.
2 I hate swimming.
3 I don't like reading.
4 I love riding my bike.
5 I don't like watching TV.
6 I love riding my pony.

Unit 9 My week

Seite 208 Übungen

1 Monday, Tuesday, Wednesday, Thursday, Friday, Saturday

2 1 Montag, 2 Mittwoch, 3 Freitag, 4 Samstag

Unit 10 My food

Seite 211/212 Übungen

1 1 Millie likes marmelade.
2 The pony likes apples.
3 Max hates bananas.
4 The cat loves milk.

2 1 Millie has toast and orange juice for breakfast.
2 Max has a sandwich, an orange juice and two apples for lunch.

3 1 milk, 2 jam, 3 bananas, 4 apples

Seite 213 – 215 Test

1 1 rubber, 2 schoolbag, 3 felt-tip, 4 pencil-case, 5 pencil-sharpener

2 1 D, 2 C, 3E, 4 A, 5 B

3 1 Monday, 2 Wednesday, 3 Thursday, 4 Tuesday, 5 Saturday

4 1 you, 2 sock, 3 bed, 4 white, 5 behind, 6 we, 7 teeth, 8 my, 9 Friday

5 1 butter, 2 marmelade, 3 apple, 4 banana, 5 milk

6 1 pencil, 2 seven, 3 door, 4 apple, 5 orange juice

7 1 eight, 2 fish, 3 lamp, 4 aunt, 5 on

Stichwortverzeichnis

Deutsch ∘ Mathe ∘ Englisch

A

Ableiten 9, 10
Ableitwörter 10
abrunden 94
Abschreiben 18, 19
Achsensymmetrie 146
Addition, addieren 97 – 121
Adjektiv 12, 14, 30, 31, 35, 36, 69
Adverb 69
Akkusativ 30, 68
Akkusativobjekt 39, 69
Alphabet 20, 28
Anführungszeichen 23
Antwort (Textaufgaben) 123 – 127, 130 – 133
Artikel 11, 12, 30, 67
Aufforderungssatz 37
aufrunden 94
Aufzählung 21
Auslautverhärtung 13
Ausrufesatz 24, 38
Aussagesatz 23, 37

B

Baupläne, Bauen mit Würfeln 144, 145
Begleiter 12, 67
Bestimmungswort 35
Beugeform 17
Bindewort 69
body 181
Borge-Verfahren (Schriftliche Subtraktion) 110 – 112
Bruchzahlen 155
Buchstabe 9, 20, 28, 29, 67

C

clothes 190
colours 172

D

Dativ 30, 68
Dativobjekt 39, 69
Dehnungs-h 15
Diagramme 129
Differenz 121
Dinge mögen, lieben oder hassen 205
Diphthong 29, 67
Dividend 121
Division, dividieren 97 – 121
Divisor 121
Doppellaut 29, 67
Doppelpunkt 23
doppelter Konsonant 16
Drehpunkt 146
Drehsymmetrie 146
Dreieck 138
dritte Person Singular mit *-s* 210
durch (Division) 121
Durchmesser (beim Kreis) 138

E

ebene Fläche 140, 141
Ecke 140, 141
Eigenschaftswort 69
Einer (E) 90 – 96
Einheiten 124, 148, 149, 151 – 155
Einkaufen 124 – 126
Einmaleins 99
Einzahl 30, 67
entspricht (≙) 142, 143
Erzählen 45, 46

erzählende Texte 59, 60
Essen und Trinken 209

F

Fabel 60
Fachbegriffe 48, 67
Faktor 121
Fälle (1., 2., 3., 4.) 30, 39, 68, 69
Familienmitglieder auf Englisch 177
family 177
fantastische Erzählung 60
Farben auf Englisch 174
Fixpunkt (Drehsymmetrie) 146
Fläche 140, 141
Flächeninhalt, Flächengröße 139
food 209
Fortsetzen (Muster) 106, 144
Frage, Fragen stellen (Textaufgaben) 126, 131–133
Fragesatz 37
Frühstück in Großbritannien 209
Fürwort 32, 69
Futur 68

G

Gegenwart 31, 68
Geld 148, 149, 152
Gemerkt-Zahl (Schriftliches Rechnen) 107–109, 113, 114
Genitiv 30, 68
Geodreieck 136–138
Gerade 135
gerundet (≈) 94
geschicktes Rechnen 99–101
geteilt durch (Division) 121
Gewichte 148, 149, 154
gewölbte Fläche 140, 141
Gliederung 47, 48
Groß- und Kleinschreibung 11–13, 28
große Zahlen 95, 96, 99, 101
Größen 148–156
größer als (>) 93, 96
Grundform 68
Grundstufe 31, 34
Grundwort 35

H

halbschriftliches Rechnen 102–105, 120
Hauptwort 67
Haustiere auf Englisch 185
Hilfsaufgaben 99, 101
hobbies 204
Hobbys und Freizeit 204
Hohlmaße 148, 149, 155
Hunderter (H) 90–96
Hundertertafel 92

I

Infinitiv 10, 14, 20, 68
Informationen sammeln und ordnen 47, 50
Informieren 45, 47, 59

K

Kante 140, 141
Kegel 141
kein der/die/das auf Englisch 174
kein du oder Sie auf Englisch – nur you 179
kein ein/eine/einer auf Englisch 174
keine Lösung 125, 126
Kinderzimmer von Max 197
Klammern (Rechenregeln) 98
Kleidung auf Englisch 190
kleiner als (<) 93, 96
Knobelaufgaben 128
Komma 8, 21, 22–24
Komma, Kommazahl, Kommaschreibweise 152–155
Kommasetzung 8, 21
Konjunktion 69
Konsonant 13, 16, 29, 67
Kopfrechnen 101, 102–105

Körper, Körpernetz (Geometrie) 140, 141
Körperteile auf Englisch 182
Kreis 136–138
Kugel 141
kurzer Vokal 16
Kurzformen und Verneinungen 194

L

Landkarte 143
Längen 148, 149, 153
Längezeichen 15
Laut 9, 13, 28, 29
Lesen (Textaufgaben) 123, 124, 132, 133
Liter 148, 149, 155
Lösungen (Sachaufgaben) 125, 126
Lösungen kontrollieren (Rechnen) 116–119, 120

M

mal 121
Malkreuz 103
Märchen 52, 60
Maßstab 142, 143
mehrere Lösungen 125, 126
Mehrzahl 30, 67
Merkwörter 10
Messen von Strecken 135
Messen, Messgeräte 148–150
Million (M) 95, 96
Minuend 121
minus 121
Mitlaut 67
Mitsprechwörter 9
Mittelpunkt (beim Kreis) 136, 138
Multiplikation, multiplizieren 97–121
Muster entdecken 106, 144

N

Nachschlagen 20, 28
Nachsilbe 36
Namenwort 67
Netz (Geometrie) 141
Nomen 11, 12, 14, 30–32, 35, 36, 67
Nominativ 30, 68
numbers 172

O

Objekt 39, 69
ordnen (Zahlen ordnen) 93, 96

P

parallel 136
Perfekt 68
persönliche Fürwörter 32
pets 185
Plural 10, 11, 14, 17, 30, 32, 67
plus 121
Prädikat 39, 40, 69
Präposition 69
Präpositionen 198
Präsens 68
Präteritum 68
pro 123, 133
Probe 108, 112, 115, 116–119, 120
Pronomen 12, 30, 32, 69
Punkt vor Strich 98
Punktefelder 97, 98
Pyramide 140

Q

Quader 140
Quadrat 138
Quotient 121

R

Radius (beim Kreis) 136, 138
räumliches Vorstellungsvermögen 141, 144, 145
Rechenregeln 98
Rechenstrategien 99–101, 102–105
Rechenstrich 102, 151
Rechteck 138

rechter Winkel 136, 138
Rechtschreibung 8, 28
Redebegleitsatz voran gestellter, nachgestellter, eingeschobener 23, 24
Redezeichen 23
regelmäßige englische Pluralformen 178
Rest (Division mit Rest) 105, 118
room 197
runden (≈) 94, 126, 127, 154, 155

S

Sachaufgaben, Sachrechnen 123–134
Sachtexte 50, 59, 62
Sage 61
Satzarten 37
Satzaussage 69
Sätze 21, 28, 37, 38
Satzergänzung 69
Satzergänzung im 3. Fall 69
Satzergänzung im 4. Fall 69
Satzgegenstand 69
Satzglieder 39, 40, 69
Satzkern 39, 40, 69
Satzschlusszeichen 21, 23
Schätzen (Mathematik) 150, 152–155
Schaubilder 129
Schlüsselwörter 62
schoolthings 201
Schreiben vorbereiten 50
Schriftliche Addition 107–108
Schriftliche Division 116–119
Schriftliche Multiplikation 113–115
Schriftliche Subtraktion (Abzieh-verfahren) 110–112
Schriftliche Subtraktion (Borge-Verfahren) 110–112
Schriftliche Subtraktion (Ergänzungs-verfahren) 108–109
Schrittweise (Rechenstrategie) 102, 103
Schubsymmetrie 146
Schule in Großbritannien 202
Schulsachen auf Englisch 201
Schuluniform in Großbritannien 191
Schwank 61
Seite (Geometrie) 138
Selbstlaut 67
senkrecht 136
Setze fort (Muster fortsetzen) 106, 144
Silbe 9, 16, 29
Singular 11, 30, 32
Spiegeln, Spiegelachse, Spiegelsymmetrie 146
Stadtplan 143
steigern 31
Steigerungsform 10
Stellentafel 90, 91, 95
Stellenwerte extra (Rechenstrategie) 102, 103
Stellenwerte, Stellenwertsystem, Stellenwerttafel 90, 91, 95
Strecke ($\overline{AB}$) 135
Streifendiagramm 129
Strich (Punkt vor Strich) 98
Stufenzahlen 90, 96
Subjekt 39, 40, 69
Substantiv 67
Subtrahend 121
Subtraktion, subtrahieren 97–121
Summand 121
Summe 121
Symmetrie, Symmetrieachse 146

T

Tabellen 127, 130–133
Tätigkeitswort 68
Tauschaufgabe 97, 100, 120
Tausender (T) 90–96
Techniken (Texterschließung) 62
teilen durch (Division) 121
Texte erschließen und verstehen 62
Texte überarbeiten 53
Texte verfassen 50

Texte, Textaufgaben 123–128, 132–134
Thesaurus 55
Tunwort/Tuwort 68

U

Überschlag (Lösungskontrolle) 116–119, 120
Überschlag (Sachaufgaben) 126, 127
Überschrift 51, 55, 62
Übertrag (Schriftliches Rechnen) 107–109, 114
Uhrzeit 148, 149, 151
Umfang 138, 139
Umkehraufgabe, Umkehrung 97, 108, 112, 115, 116–119, 120
Umstandswort 69
Umwandeln von Einheiten 124, 148, 149, 151–155
unregelmäßige Pluralformen 182, 186
Unterstreichen (Textaufgaben) 123, 124, 132, 133

V

Verb 14, 20, 30, 31, 35, 39, 68
Verb haben auf Englisch 181
Verb sein auf Englisch 179
Verben *have* und *have got* 181
Verdoppelung des Vokals 15, 16
Vergangenheit 31, 68
vergleichen (Zahlen vergleichen) 93, 96
Vergleichsstufe 31
vergrößern 142, 143
Verhältniswort 69
verkleinern 142, 143
Verkleinerungsform 17
verlängern 14, 16
Verneinungen auf Englisch 193
verschieben 146
verwechselbare Konsonanten 13
Vokal 10, 15, 16, 29, 67
Vorsilbe 36
vorteilhaftes Rechnen 99–101
Vortrag vorbereiten, Tipps für das Vortragen 47, 48

W

wechseln (Schriftliche Subtraktion) 110–112
week 207
Wiewort 69
Winkel 136, 138
Wirklichkeit 142, 143
Wochentage 207
Wortarten 30–32, 67
Wortarten andere 32
Wortbausteine 36
Wortbildung 35
Wörter mit äu/au und ä/e 17
Wortfamilie 17, 29
Wortfelder, sprechen/sagen, gehen, sehen 53, 54
wörtliche Rede 23, 24, 55
Wortstamm 29
Würfel 140, 141, 144, 145
Würfelgebäude 144, 145
Würfelnetz (Geometrie) 141

Z

Zahlen 172
zählen 93, 96
Zahlen, Zahlenraum 90–96
Zahlenfolgen 106
Zehner (Z) 90–96
Zeichensetzung 21–24
Zeichnen, Zeichentechniken 136–138
Zeit 148, 149, 151
Zeitstufen 31
Zeitwörter 31
Zirkel 136–138
Zukunft 31, 68
zusammengesetzte Wörter 35
Zwielaut 67
Zylinder 140